拥有什么样的格局，就会拥有什么样的人生。

你的格局
决定你的结局

图书在版编目（CIP）数据

你的格局决定你的结局 / 邢群麟编著 . -- 长春：
吉林出版集团股份有限公司 , 2019.4

ISBN 978-7-5581-2491-4

Ⅰ . ①你… Ⅱ . ①邢… Ⅲ . ①成功心理 – 通俗读物
Ⅳ . ① B848.4-49

中国版本图书馆 CIP 数据核字（2019）第 072641 号

NI DE GEJU JUEDING NI DE JIEJU
你的格局决定你的结局

编　　著：邢群麟
出版策划：孙　昶
责任编辑：于媛媛
装帧设计：韩立强
出　　版：吉林出版集团股份有限公司
　　　　　（长春市福祉大路 5788 号，邮政编码：130118）
发　　行：吉林出版集团译文图书经营有限公司
　　　　　（http://shop34896900.taobao.com）
电　　话：总编办 0431-81629909　营销部 0431-81629880 / 81629900
印　　刷：天津海德伟业印务有限公司
开　　本：880mm×1230mm　1/32
印　　张：6
字　　数：130 千字
版　　次：2019 年 4 月第 1 版
印　　次：2021 年 5 月第 3 次印刷
书　　号：ISBN 978-7-5581-2491-4
定　　价：32.00 元

印装错误请与承印厂联系　　电话：022-82638777

　　大千世界，芸芸众生，不同的人有着不同的命运。能够左右命运的因素很多，而一个人的格局，是其中最为重要的因素之一。

　　人生需要格局，拥有怎样的格局，就会拥有怎样的人生。很多大人物之所以能成功，是因为他们从自己还是不起眼的小人物的时候就开始构筑人生的格局。而所谓格局，是用长远、发展、战略的眼光来看问题；以帮助、合作、奉献的态度来交朋友；以大局为重、不计小嫌的博大胸怀来做事情。拥有大格局者，有开阔的心胸，不会因环境的不利而妄自菲薄，更不会因能力的不足而自暴自弃。格局狭小者，往往会因为生活的不如意而怨天尤人，因为一点小的挫折就一筹莫展，看待问题的时候常常一叶障目，不见泰山，成为碌碌无为的人。对一个人来说，格局有多大，这辈子的成就就有多大。

　　格局并不是先天带来，而是后天形成的。格局不仅是口号，更是一种战略，一种"海到无边天作岸，山登绝顶我为峰"的气概。曾国藩曾经说过这样一句名言："谋大事者首重格局。"大格局是一种智慧，大智若愚；大格局是一种境界，大勇若怯；大格局是一种深度，大音希声；大格局是一种品性，大巧若拙；大格局是一种姿态，大象无形。有大格局的人，自然就会拥有一种开阔的精神气象，这就是成功者的气场。大格局会造就一个人的坚韧和智慧，让其既可以入世去担当责任，也可以平静地面对自己内心的躁动。这样，什么样的诱惑和险阻都可以平安渡过，最终凭自己的力量开创一片新的天地。

一个拥有大格局的人，能够突破自己的思维，打破舒适的境遇，勇敢地迎接挑战。他的成功与同行相比，最大的不同就是敢与众不同。当然，他的"与众不同"不是孤注一掷，也不是为了标新立异，而是经过自己的静心筹谋与评估之后的新思维与新策略。要知道，一个人"敢"或"不敢"往往决定了他是平庸还是卓越。

一个拥有大格局的人，深知眼前的不是永远的，他能沉得住气，弯得下腰，变得了脸，抬得起头。拥有大格局的人，遇事不会把责任推给他人，他往往敢担当、敢挑战、敢面对。能把握布局，重视审局，选中适合自己的领域，气定神闲地运筹帷幄。有大格局的人遇事能跳出狭隘的思维局限，谨慎处理，完美解决让人头疼的复杂事务，从而达到人生更高、更完美的境界。

于丹曾说："成长的关键在于给自己建立生命格局。"当我们拥有了大格局，即能以大视角切入人生，力求站得更高、看得更远、做得更大。格局决定着事情发展的方向，也决定了人生舞台的大小。因为你的格局，决定你的结局！

目录
CONTENTS

第一章

决定你上限的不是能力，
而是格局

目光所及之处，便是你的未来

相信很多年轻人都会遇到这种情况，准备接受一种新潮的观点时，脑海中忽然跑出旧观念，接着新观点就被否定了；或者准备做一件从未做过的事情时，比如独自一人去旅游，但这时身边的朋友纷纷质疑"你从来没单独出过远门，会不会迷路呢""没有人照应会不会出事啊"，等等，结果旅游的计划就搁浅了……这样的情况很常见，往往是在你想进行一个与往常不同的计划时，被人质疑，继而自我否定，结果被局限在以往的格局里，无所作为。

旧格局是成功的大敌，如果一个人被拘囿在旧格局里，他就难免思维保守，盲目排外，缺乏创新意识、危机意识，对新知识、新思想、新观念的接受变慢，对新事物缺乏应有的热情和主动的态度。

年轻人如若想取得长足的进步，就一定要开放自我，打破限制自己发展的旧格局，创造新格局。

舒展新格局，需要我们注意以下几个关键因素：

1. 心态决定命运

心态决定事业的成败，心态决定人生的状态。所以，好心态才能有好格局，好格局才能有好命运。

2. 志当存高远

有一句话这样说："取乎上，得其中；取乎中，得其下。"就是说，假如目标定得很高，取乎上，至少也会得其中；而当你把目标定得很一般，很容易完成，取乎中，就只能得其下了。由此，我们不妨把目标定得高一些，因为愿景所产生的力量更容易让人在每天清晨醒来时，不再迷恋自己的床榻，而是抱着十足的信心和动力去迎接新的挑战。

3. 大处着眼，不贪一时之利

金钱财富、功名利禄都是身外之物，生不带来，死不带去。贪得太多，只会失去更多，适可而止，知足才能常乐！

4. 人生当进退自如

大丈夫应当能屈能伸。屈于当屈之时，是一种人生的智慧；伸于当伸之时，同样是一种人生的智慧。屈，是隐匿自我，是为了保存力量，是暂时处于人生的低谷；伸，是发扬自我，是为了光大力量，是为了攀登人生巅峰。只有能屈能伸的人生，才是圆满而丰富的人生。

5. 宽容豁达，厚德载物

"大肚能容，容天下难容之事；慈颜常笑，笑世间可笑之人。"管子云："海不辞水，故能成其大；山不辞石，故能成其高；明主不厌人，故能成其众。"但凡成功的人，都有一种博大的胸怀。古往今来，许多事实也证明了一个真理：宽容才能成就伟大。

6. 置之死地而后生

置之死地而后生是一种胆略，是一种气势，也是一种魄力。破釜沉舟，绝处求生，这样的人生才算极致精彩！

在许多大师所指示的成功法则中，敞开自己的心门，去接受各式各样的信息和评价，是极重要的一环。切莫因为自己的浅薄和慵懒，而不接受许多深奥、开阔的智慧，坐井观天，绝非积极追求卓越人生的人所该有的态度。破除旧格局的拘囿，我们才能迎来新格局的异彩纷呈。

格局是引领风骚的精髓，是决胜千里的韬略。年轻人不应哀叹时运不济而虚度此生，应昂起不屈的头颅，打破旧格局，拼搏一番！

世界那么大，别只是看看

每个人都希望自己能做一个成功的人，或许你觉得自己已经足够优秀，可是为什么离成功还有一步之遥呢？那就是，你还缺一点追求成功的雄心。

李想，北京泡泡网信息技术有限公司首席执行官，身价过亿，2006 年被评为"中国十大创业新锐"。他的泡泡网在 2005 年的纯利润达 1000 万，市场价值达 2 亿元。

李想 2000 年创建泡泡网，2001 年下半年将公司从石家庄转移到北京，2005 年向汽车行业扩张，一系列的动作显得迅速而具有雄心。李想从不否认自己是个有雄心的人。在将事业重心转移到北京的过程中，他遇到了点麻烦：一是之前的个人网站让他赚了点钱，第二便是最初和自己创业的朋友中途退出。前者是利益相诱，短时间内吃穿不愁，继续前行还是安于现状？后者是遭受伙伴打击，失去左膀右臂，前进还有动力吗？思索再三，李想毅然选择继续为事业奋斗。他不相信自己仅仅能赚几万块钱，也不相信自己的事业就此完结。

来到北京，李想重整旗鼓，扛过短暂的危机，终于使泡泡网取得了巨大发展。

如果当初李想安于享受几万块钱的财富，将继续奋斗的念头抛到脑后，他就不会有现在的成绩。一个有雄心的人才有争取更大财富和成功的可能。年轻人不应被一时的利益迷住双眼，安于现状，停滞不前，这样只会让自己慢慢"堕落"，与成功无缘，失去已有的一切。

有一个叫李刚的人，他曾经在一家合资企业任首席财务官。在成为首席财务官之前，他非常卖命地工作，也取得了突出的成绩。老板非常赏识他，第一年就把他提拔为财务部经理，第二年提拔为首席财务官。

当上首席财务官后，拿着丰厚的薪水，驾着公司配备的专车，住着公司购买的豪宅，他的生活品质得到了很大的提升。然而，他的工作热情却一落千丈，他把更多的精力放在了享乐上。

当朋友问他还有什么追求时，他说："我应该满足了，在这家公司里，我已经到达自己能够到达的顶点了。"李刚认为公司的 CEO（Chief Executive Officer，首席执行官）是董事长的侄子，自己做 CEO 是不可能的，能够做到首席财务官就已经到达顶点了。

他做首席财务官差不多有一年的时间，却没有干出一点值得一提的业绩。朋友善意地提醒他："应该上进一点了，没有业绩是危险的。"

果不其然，几天后，他就被辞退了，丰厚的薪水没了，车子也归还给了公司。一切都是因为他的懒惰和缺乏雄心。

雄心是促使事业成功的动力。青年时期轻而易举地获得成功，如果就此心满意足，不思进取，最初的成功就会成为失败的源头。"10 岁是神童，15 岁是才子，但是 20 年之后，可能又成为平凡之人。"这句话，说透了其中的含义。

没有雄心的人，就好比没有上发条的钟表一样，要钟表走动，必须费些力气，亲自上紧发条。卡莱尔说："没有追求的人很快就会消沉。哪怕只有不足挂齿的追求也总比没有要好。"成功者都是永不知足的"野心家"，无论取得了怎样的成绩，心中总想着下一个。

年轻人大多不介意别人说自己"雄心勃勃"，却害怕被人指责为"野心勃勃"。生活中，许多极富潜力的人就是因为害怕被人说成是"野心家"而畏缩不前，不敢奋斗，不敢冒尖。任何事情要想做得出色，都是需要很强大的内心欲望的，没有雄心的人内心动力不足，往往只会成为人群中的平庸角色。

所以，大大方方地做个"野心家"吧——释放自己内心的欲望，大胆去追求，相信成功就在不远处与你相约！

你会成为谁，在于你认为自己是谁

未来是不确定的，无论多么周详的计划，在不确定因素面前也无能为力，所以，人必须随机应变。随机应变能力的前提就是你必须拥有确定的目标和长远的计划，用长远的眼光来思考问题。

许多人做事时容易只见树木而不见森林，被眼前的利益蒙蔽双眼，这使他们损失了长远的好处，也忽视了潜伏在远方的危险。因为有很多事表面上看来是能获利的，但是整体看来却是损失。常言说得好："因小失大。"假使你以单纯的想法自以为获利，等到后来，往往会发现其实是受到损失了。

年轻人一定要高瞻远瞩，培养自己预见未来的能力。

公元前415年，雅典人准备攻击西西里岛，他们以为战争会给他们带来财富和权力，但是他们没有考虑到战争的危险性和西西里人抵抗战争的顽强性。由于求胜心切，战线拉得太长，他们的力量被分散了，再加上联合起来的敌人，他们更难以应付了。雅典的远征导致了历史上最伟大的一个文明国家的覆灭。

一时的心血来潮给雅典人带来了灭顶之灾，胜利的果实的确诱人，但远方隐约浮现的灾难更加可怕。因此，不要只想着胜利，还要想着潜在的危险，这种危险有可能是致命的，不要因为一时的冲动而毁了自己。

我们应时刻保持清醒的头脑，考虑到一切存在的可能，根据变化随时调整自己的计划。世事变幻莫测，我们必须具有一定的预见未来的能力。一旦未来可能出现的种种情况得到了检验，就应该确定自己的目标，同时要明智地为自己准备好退路。

做任何事都要建立在对未来有所预见的基础上，这样，你也可以很好地控制自己的情绪，而且比较不容易受到其他情况的诱惑。许多人做事功亏一篑就是因为对未来没有预见，头脑模糊，意识不明确。

有的人认为自己可以控制事态的发展，但是在实施的过程中往往因为思路模糊不清而失败。他们计划得太多，又不懂得随机应变。所以，要想成功必须拥有确定的目标和长远的计划，还要有随机应变的能力。

预见未来的能力是可以通过实践探索慢慢培养的。要有明确的目标，但必须实事求是地对客观现状进行分析评估；计划要周密，模糊的计划只能让你在麻烦中越陷越深。年轻人如果能够克服这种短视行为，将获得更多意想不到的收益。

想在别人前面，走在别人前面

人们常说："一步领先，步步领先；一步落后，步步落后。"的确，一个人如果总是走在别人的后面，就很难把握生活的契机，也就很难迈上"领先"的道路，给自己的发展带来很大的限制。因此，年轻人要培养和树立超前意识，使自己具备前瞻眼光，这对自己今后的人生极为重要。

无论是在生活中还是工作中，年轻人都要善于在每件事情上以超前的眼光和意识去看一看、想一想，有没有什么潜在的"契机"可以抓。如果有，就要抓住不放，并让它最大限度地体现出实际成果。培养这种意识，把眼前的利益放在更长远的目标上来看待，能缩短我们与成功之间的距离。

2008年东莞的颖祺公司非常引人注目，在很多企业倒闭的时候，它却呈现出生产繁忙的景象：堆满院内走廊的货物，热闹的生产车间，让人很难感觉到当下外贸出口形势困难的压力。由于2008年的生产量是2007年的一倍多，所以公司把接待大厅也当成了成品仓库。

这家企业致富的秘密武器是电脑程序生产车间里的一排排 2007 年引进的电脑织机。电脑织机可以大大提高生产力，一个员工可以操作 8~10 台，按 8 个小时计算，每台织机的产量是以前手工的横拉针织机的 2.5 倍，不仅大大提高了生产效率，而且还降低了生产成本，一台针织机可以代替 28 个劳动力。

2007 年初，颖祺公司的领导层就明显感觉到了劳动力成本上升的压力，工人的工资不断上涨，但每个工人的生产效率却没有提高多少，于是每件衣服的成本不断地上升，而由于竞争激烈，出口价格却在不断下降。能否降低用工成本，成了企业的一条生死线。因此，公司决定投入上亿元引进先进设备，致力技术改造，提高生产效率。电脑织机还有一个好处，就是它能够提高产品的产量和更新款式（有些款式手工做不出来）。

因为电脑织机带来的产量及质量的双重保证，客商对颖祺公司比较有信心，认可度也提升了。2008 年，世界毛衣三巨头的前两位都伸出橄榄枝，主动找到颖祺公司要求建立客户关系。颖祺公司因此可以淘汰掉一些素质比较低、利润比较薄的产品客户，公司的客户层次有了一个质的飞跃。2008 年，公司的利润率已冲高到 25%。

2008 年中，颖祺公司在创新路上更进一步，成立了产品研发设计室，自主开发新产品，外商从中看到合适的款式，就交钱下订单。尝到了外贸领域高附加值产品的甜头后，颖祺公司开始积极筹备国内市场的开发，两条腿走路是企业规避国际风险的一个方法。颖祺公司开发的自主品牌"颖和祺"服饰，2007年11月已经获得广东省授予的名牌，2008年更为公司获得了不少利润。长远的目光加上超前的行动，是颖祺公司取得辉煌成绩的重要原因。颖祺公司至今仍然是行业翘楚。

中国有句古语：凡事预则立，不预则废。说明在做任何事时，事先预见和做好准备是成功的关键。许多人做事失败就是因为没有用将来的眼光看事情，没有想在他人面前、走在他人前面，思想模糊，意识不明确。

所以，年轻人要注意在实践中培养自己用将来的眼光看问题的能力，这样才能想在他人前面，走在他人前面，更快遇见成功。

信念"不值钱"，却因坚持而升值

一个人相信自己是什么，就会是什么。一个人心里怎样想，就会成为怎样的人。相信你是个强者，你就可能成为强者，我们每个人心里都有一幅"心理蓝图"或一幅自画像，有人称它为"自我心像"。自我心像有如电脑程序，直接影响它的运作结果。如果你的心想象的是做最好的你，那么你就会在你内心的"荧光屏"上看到一个踌躇满志、不断进取的自我。同时，还会经常收听到"我做得很好，我以后还会做得更好"之类的信息，这样你注定会成为最棒的人。

信念是所有奇迹的萌发点，纵观古今中外凡成大事者，无不是从一个小小的信念开始起步的。

罗杰·罗尔斯是美国纽约州历史上第一位黑人州长。他出生在纽约声名狼藉的大沙头贫民窟。这里环境肮脏，充满暴力，是偷渡者和流浪汉的聚集地。在这儿出生的孩子，耳濡目染，他们从小逃学、打架、偷窃甚至吸毒，长大后很少有人从事体面的职业。然而，罗杰·罗尔斯是个例外，他不仅考上了大学，而且成为州长。

在就职的记者招待会上，一位记者向他提问："是什么把你推向州长宝座的？"面对300多名记者，罗尔斯对自己的奋斗史只字未提，只谈到了他上小学时的校长皮尔·保罗。

1961年，皮尔·保罗被聘为诺必塔小学的董事兼校长。当时正值美国嬉皮士流行的时代，他走进大沙头诺必塔小学的时候，发现这儿的穷孩子比"迷惘的一代"还要无所事事。他们不与老师合作，旷课、斗殴，甚至砸烂教室的黑板。皮尔·保罗想了很多办法来引导他们，可是没有一个是奏效的。后来，他发现这些孩子都很迷信，于是他上课的时候就多了一项内容——给学生看手相。他用这个办法来鼓励学生。

当罗尔斯从窗台上跳下，伸出小手走向讲台时，皮尔·保罗说："我一看你修长的小拇指就知道，将来你是纽约州的州长。"

当时，罗尔斯大吃一惊，因为长这么大，只有他奶奶让他振奋过一次，说他可以成为5吨重的小船的船长。这一次，皮尔·保罗先生竟说他可以成为纽约州的州长，着实出乎他的预料。他记下了这句话，并且相信了它。

从那天起，"纽约州州长"就像一面旗帜，罗尔斯的衣服不再沾满泥土，他说话时也不再夹杂污言秽语，他开始挺直腰杆走路。在以后的40多年间，他没有一天不按州长的身份要求自己。51岁那年，他终于成了州长。

在就职演说中，罗尔斯说："信念值多少钱？信念是不值钱的，它有时甚至是一个善意的欺骗，然而你一旦坚持下去，它就会迅速升值。"

信念是任何人都可以免费获得的，相信自己，你就能创造奇迹。

英国诗人罗伯特·赫里克曾写过这样的诗句："我是命运的主人，我主宰自己的心灵。"只有你才是自己命运的主人，只有你才能把握自己的心态，用你的心态塑造自己的未来，这是一条普遍的规律。

有些人也许会问："老天生来就待我不公，我生下来就有缺陷，那我该怎么办呢？"如果你属于这类"不幸者"，那就想想海伦·凯勒的人生经历吧。还有谁能比一个又聋、又盲的女孩更为不幸呢？可她成了美国著名的作家。

不论你在生理上是否有残疾，不论你是儿童还是成人，你都能从海伦·凯勒的人生经历中得到启示，那些能够产生强烈的愿望以达到崇高目标的人，才能走向伟大。那些以积极的心态不断努力的人，才能取得成功。

在人类的任何活动中，要获得成功，就要实践、实践、再实践。当你确立了目标时，努力和劳动就会变成乐事。对那些被积极的心态所激励，想成为成功者的人来说，伴随着任何逆境，都会同时产生一粒等量或更大利益的种子。

拥有一个积极的心态比什么都重要。只要你坚信自己能做到，你就一定能做到，不要给自己找任何借口，因为能打败你的只有你自己，而能挽救并成就你的辉煌的也只有你自己。拥有一个坚定的信念比拥有亿万的财富更宝贵，因为坚定的信念会引领你创造非凡的成就，不仅使你的物质得到满足，更主要的是极大地丰富了你的精神世界。

带上使命去闯世界，结果会大不同

心界决定一个人的世界。只有渴望成功，你才能有成功的机会。不渴望成功的人，永远得不到成功的机会。成功学大师卡耐基曾说过："欲望是开拓命运的力量。有了强烈的欲望，就容易成功。"努力是获得成功的先决条件，而强烈的成功欲望是努力的原动力。同样如此，强烈的成功欲望，构成了成功的前提条件。我们都不想过失意的日子，那么就要改变自己的想法，从内心产生一种成功的欲望，并让这种欲望时时刻刻激励着我们，我们将迎着这一目标不断前行。来自大部分成功者的体会是：成功的欲望是创造和拥有成功的源泉。

思想是行动的指挥官，如何思考就将有如何的行动。倘若我们拥有强烈的成功欲望，那么我们将会将自己的一切行动、情感、个性、才能调动起来，并使之与成功的欲望相吻合。对于一些与成功的欲望相冲突的东西，我们将会极力去克制，并使之转为有利于成功的条件。久而久之，经过长期的努力，我们将会成为一个成功的人，最终使最初的成功愿望变为现实。反之亦然，在没有强烈的成功欲望的指引下，挫折便会立刻浇灭成功的激情，尔后偃旗息鼓，将成功的愿望压抑下去。

本·侯根是世界上最伟大的高尔夫选手之一。他并没有其他选手那么好的体能，能力上也有一点缺陷，但他在坚毅、决心，特别是追求成功的强烈愿望方面高人一筹。

本·侯根在他玩高尔夫球的巅峰时期，不幸遭遇了一场灾难。在一个有雾的早晨，他跟太太维拉丽开车行驶在公路上，当他在一个拐弯处掉头时，突然看到一辆巴士的车灯。本·侯根想这下可惨了，他本能地把身体挡在太太面前来保护她。这个举动反而救了他，因为方向盘深深地嵌入了驾驶座。事后他昏迷不醒，过了好几天才脱离险境。医生们认为他的高尔夫生涯从此结束了，甚至断定他能站起来走路已经很幸运了。

但是他们并未将本·侯根的意志与需要考虑进去。他刚能站起来走几步，就萌发了出人头地的梦想。他不停地练习，并增强臂力。无论工作到哪里，都保留高尔夫俱乐部的资格。起初他还站得不稳，再次回到球场时，也只能在高尔夫球场蹒跚而行。后来他稍微能工作、走路，就走到高尔夫球场练习。开始只打几球，但是他每次去都比上一次多打几球。最后，当他重新参加比赛时，名次很快地上升。

理由很简单，他有必赢的强烈愿望，他知道他又会回到高手之列。普通人跟成功者的差别就是有无这种强烈的成功愿望。

认识到思想能够控制行动是 20 世纪的一项人类重大发现。思维模式决定了我们的行动模式，是否有强烈的渴望成功的欲望决定了我们行动的效力，人们总是对自己感兴趣的东西给予更多的关注。强烈的成功欲望，是指引我们发挥自身最大能量，结合自己的知识、人际关系、能力等多方面因素，最大限度地朝着我们的目标前进。保持一颗持久的渴望成功的心，我们就能获得成功。

第二章

你的世界观
就是你的世界

你的世界观就是你的世界

回顾自己的一生，想想在自己已经走过的人生道路上，有多少选择没有遵从自己的本意，而服从了大众的评判标准？有没有因为一个大众眼里的稳定工作，放弃了自己的理想？有没有因为不好意思当大众眼里的"大龄剩女"，而选择一个不爱的人走入婚姻殿堂？有没有因为惧怕丢面子，而在一段无望的婚姻中挣扎？

因为不好意思，而做的那些违心决定，真的堵住那些悠悠之口了吗？其实，这个世界上，除了自己，没有人能够为你的人生负责。所以，你是怎样的人，你有怎样的生活，怎么样的成就，怎样的人际关系，都是自己的选择。

如果给你一个重新选择的机会，你会选择赚钱多的工作，还是自己喜欢的工作？如果你可以抛去金钱的因素、世俗的眼光，你最想做的工作是什么？你还会坚持现在的选择吗？我相信很多人都会做出否定的答案。我也曾经用这个问题问过很多人，大家的回答五花八门，有人希望做一个园艺师，有人希望可以独自去流浪，有人想做一个花店的老板娘，还有人想开一家精致优雅的咖啡店……

而现实中的他们却可能是会计师、政府公务员、企业高管等等，做着令人仰视的职位拿着令人垂涎的薪水。没有人知道他们心里最朴素的愿望。愿望与现实的差距，造成了他们的不快乐，甚至有很多人整日处在抱怨声中，抱怨生活不如意，抱怨工作压力大，他们或许总是在向别人解释，现在的样子并不是自己想要的生活。可是越是总在抱怨"这不是我想要的生活"的人，其实越是不知道自己到底想要什么。如果这不是你想成为的样子，那么你知道自己想要成为什么样的人吗？

　　有人说，如果你做着自己喜欢的工作，那么从早上九点到晚上六点你是快乐的；如果你找到了一个你爱的人，那么从晚上六点到早上九点你是快乐的。但现在很多年轻人在选择工作的时候，都有一种普遍的浮躁心理，只看到了工作的薪水、前景、保险，等等，却唯独忘了问问自己心里的声音，能不能从这份工作里找到自己的成就感，能不能保持自己对生活的激情？

　　实现这个目标的关键，就在于你能不能听到自己内心的声音。因为只有一个内心坚定的人，才能抵住现实中的种种诱惑。

　　小时候大家爱看动画片，长大了喜欢看一夜致富的神话；前者是因为一个不起眼的小女孩，能够顿时飞上枝头成凤凰。而一位平凡的人，能够因为某个机会，立刻赚得大钱，多么振奋人心，多么引人入胜，令众人羡慕不已！因此，正如拍电影、写小说为追求戏剧效果、吸引观众，必须放弃冗长无聊的细节，而将一个白手起家的富人或一家成功的企业，全归功于一两次重大的突破，把一切的成就全归功于少数几次的财运。戏剧的手法就把漫长的财富累积过程完全忽略了。但是小说归小说，电影归电影，现实生活中不可能有那么肤浅而富戏剧性的事情。

中国有句古语："淫慢则不能励精，险躁则不能冶性。"可以说，我们现在的社会是一个浮躁的社会，金钱、欲望、低俗、焦虑充斥在人们的生活中，流光溢彩的大千世界，每个人似乎都难以抑制那颗躁动的心，它簇拥着你义无反顾地冲向前面不可名状的诱惑。这种种的诱惑中有虚无缥缈的名，有金光闪闪的利。名利，是让人浮躁的根源。

尤其是那些涉世不久、一文不名但却没啥经历的年轻人，总愿意听到"身边人"讲的发财的传奇故事和高额回报的生财之道，幻想着自己是剧中的主人公，希望自己也能一觉醒来是富翁，天上的馅饼砸自己的头。有的年轻人，自己身无分文，在社会上毫无根基，还是一个伸手族、啃老族和失业者，却不肯扎扎实实地靠诚实劳动来自立自强，总想走捷径赚大钱，当大款。这个浮躁的心理，真是危害太大了！他驱使一些本来十分优秀的青年铤而走险，最后，钱没赚到多少，却毁了自己的美好的人生前程。

年轻人千万别逼迫自己去做不喜欢的事，那样会事倍功半。世上没有什么比不称心的职业更能摧残人的希望，使人丧失内在的力量。去寻找自己喜欢的事，做自己喜欢的事，你就会离成功更近一些。

年轻人，混吃等死才是最辛苦的人生

"在人生的道路上，所有的人并不站在同一个场所——有的在山前，有的在海边，有的在平原，但是没有一个人能够站着不动，所有的人都得朝前走。"这是泰戈尔的名言。我们每个人都有自己的位置，也许低也许高，并不是所有的人都能有机会站在人生的最高顶点，但是"所有的人都得朝前走"，即不论是谁都要努力进取。我们不一定要创造丰功伟绩，但不论现在的成绩如何，我们都要不断超越现在，不断进取才有成功的机会，而安于现状被安逸生活吞噬进取心的人，则永远没有体验人生风景的机会。

有一天，沼泽向在自己身边奔流而过的河流问道："你整天川流不息，一定累得要命吧？你一会儿背着沉重的大船，一会儿负着长长的水筏，在我眼前奔流而过。小船小划子更不用说了，它们多得没有个穷尽。你什么时候才能抛弃这种无聊的生活呢？像我这样安安逸逸地生活，你找得到吗？我是一个幸福的闲人，舒舒服服、悠悠闲闲地荡漾在柔和的泥岸之间，好比高贵的太太们窝在沙发的靠枕里一样。大船小船也罢，漂来的木头也罢，我这儿可没有这些无谓的纷扰，甚至小划子有多重我都不知道，至多偶尔有几片落叶飘浮在我的胸膛上，那是微风把它们送来和我一起休息的。一切风暴有树林挡住，一切烦恼我也沾染不上，我的命运是再好不过的了。周围的尘世不断地忙忙碌碌，我却躺在哲学的梦里养神休息。"

"哲学家，你既然懂得道理，可别忘了这条法则，"河流回答，"水只有流动才能保持新鲜，我成了伟大壮阔的河流就是因为我不躺在那儿做梦，而是按照这个法则川流不息。结果呢，我的源源不绝的水，又多又清的水，年复一年地给人们带来了幸福，因而赢得了光荣的名誉，或许我还要世世代代地川流不息下去。那时候，你的名字就不会有人知道了。"

多年以后，河流的话果然应验了，壮丽的河仍旧川流不息，沼泽却一年浅似一年。沼泽的表面浮着一层黏液，芦苇生出来了，而且生长得很快，沼泽最终干涸了。

这个故事告诉我们，一成不变能换取一时的安逸，却得不到丝毫成长，只会慢慢退步，甚至慢慢衰亡。

成功的人往往都是一些不那么"安分守己"的人，他们绝对不会因取得一些小小的成绩而沾沾自喜。每一个渴望成功的人都要谨记：只有不断"砸烂"较差的，你才能完全没有包袱，创造出更好的，走上成功的殿堂，就像下面的故事中讲到的一样。

一位雕塑家有一个 12 岁的儿子。儿子要爸爸给他做几件玩具，雕塑家只是慈祥地笑笑，说："你自己不能动手试试吗？"

为了制作自己的玩具，孩子开始注意父亲的工作，常常站在大台边观看父亲运用各种工具，然后模仿着运用于玩具制作。父亲也从来不向他讲解什么，放任自流。

一年后，孩子好像初步掌握了一些制作方法，玩具造得颇像个样子。这样，父亲偶尔会指点一二。但孩子脾气倔，从来不将父亲的话当回事，我行我素，自得其乐，父亲也不生气。

又一年，孩子的技艺显著提高，可以随心所欲地摆弄出各种人和动物形状。孩子常常将自己的"杰作"展示给别人看，引来诸多夸赞。但雕塑家总是淡淡地笑，并不在乎似的。

有一天，孩子存放在工作室的玩具全部不翼而飞，他十分惊疑！父亲说："昨夜可能有小偷来过。"孩子没办法，只得重新制作。半年后，工作室再次被盗！又半年，工作室又失窃了。

孩子有些怀疑是父亲在捣鬼：为什么从不见父亲为失窃而吃惊、防范呢？偶然一天夜晚，儿子夜里没睡着，见工作室灯亮着，便溜到窗边窥视：父亲背着手，在雕塑作品前踱步、观看。好一会儿，父亲仿佛做出某种决定，一转身，拾起斧子，将自己大部分作品打得稀巴烂！接着，将这些碎土块堆到一起，放上水重新混合成泥巴。孩子疑惑地站在窗外。这时，他又看见父亲走到他的那批小玩具前。只见父亲拿起每件玩具端详片刻，然后，父亲将儿子所有的自制玩具扔到泥堆里搅和起来！当父亲回头的时候，儿子已站在他身后，瞪着愤怒的眼睛。父亲有些羞愧，温和地抚摩儿子的脸蛋，吞吞吐吐道："我……哦，是因为，只有砸烂较差的，我们才能创造更好的。"

10年之后，父亲和儿子的作品多次同获国内外大奖。

人也只有在不断进取的状态下才能够永葆生命的活力。既然生命不息，那就应该不断进取，超越自我。奔腾不息的流水才能够永葆生命的新鲜与活力，对于积极进取的人来说，每天都是一个崭新的起点，因为进取心带来的激励存在于我们人体内，它推动我们完善自我，追求完美的人生。

一个有事业进取心的人，可以把"梦"做得高些，虽然开始时是梦想，但只要不停地做，不轻易放弃，梦想终能成真。一旦我们每一个人有幸受这种伟大推动力的引导和驱使，生命就会成长、开花、结果。

胡巴特说："这个世界愿对一件事情赠予大奖，包括金钱和荣誉，那就是'进取心'。"进取心是存在于我们体内的一种神秘又伟大的力量。也许我们正处于人生起步，也许已经小有成就抑或许仍然平凡，无论我处于什么样的高度，也要时刻提醒自己，生活还在继续，要一直向前，而不该原地踏步，数着自己的脚印过活。经济不景气，金融危机，这一切使得竞争更加残酷。年轻人只有让自己迅速地成长，不断地学习、不断地拼搏，知识面就会越广，得到的信息就越多，人生的视野就越来越开阔。

活得漂亮，也要耐脏

具有积极心态的人，即使在恶劣的环境中，也能寻找自身的闪光点，为自己铺就一条光明大道。

在一座荒芜的山上，曾经有两块相同的石头。三年后，它们的命运却发生了巨大的变化，一块石头受到很多人的敬仰和膜拜，而另一块石头却受到人们的唾骂。受人唾骂的石头极不平衡地说道："老兄呀，三年前，我们同为一座山上的石头，今天却产生这么大的差距，我的心里特别痛苦。"另一块石头答道："老兄，你还记得吗？三年前，我们都厌恶了这座荒僻的山，但你认为既然在这个环境里，就只能忍受，而我却主动要求雕刻家为我雕塑。这样，我们就有了现在不同的境遇。"

环境如何并不能成为消极被动的借口。那块没有改变的石头不懂这一点，一味把责任推给环境。如果一个人处于顺境便盲目满足、放弃努力，遇到成功便自我满足、停滞不前；处于逆境便轻易退缩、灰头土脸，遇到困难便轻言放弃、怨天尤人，他就为消极的种子创造了最容易破土发芽的环境。

美国电视传媒金牌主持人莎莉·拉斐尔在她30年的职业生涯中，曾遭遇18次辞退。可是她每次都能够积极面对，并且放眼更高处，确立更远大的目标。

由于美国大陆的无线电视台都认为女性不能吸引听众，没有一家肯雇用她，她不得不迁到波罗黎各去，苦练西班牙语。有一次一家通讯社拒绝派她到多米尼加共和国去采访一次暴乱事件，她便自己凑够旅费飞到那里，然后把自己的报道出售给电视台。

1981年，她遭遇一家纽约电视台的辞退，说她跟不上时代，结果她失业了一年多。在此期间，她向国家广播电台的一位职员推销她的谈话节目构想。"我相信公司会有兴趣。"那人如此答复她。但是此人不久就离开了国家广播公司。后来她碰到该电台的另一位职员，再度提出她的构想，虽然此人也一再夸奖她的构想，但是不久他也失去了踪影。最后她说服第三位职员雇用她，此人虽然答应了，但是提出要她在政治台主持节目。"我对政治所知不多，恐怕很难成功。"她对丈夫如此说，但丈夫鼓励她去尝试。

1982年夏天，她的节目终于开播了。多年的职业生涯使她早已对广播驾轻就熟，于是她利用自己平易近人的优势和作风，大谈7月4日美国国庆对她自己有什么意义，又请听众打电话畅谈他们的内心感受。

听众立刻对莎莉的这个节目产生了兴趣，她也因此一夜成名。

莎莉的职业生涯可谓一波三折，但她依然不屈不挠、积极向上。也正是凭着这样的信念，她才历尽艰难，战胜逆境，取得事业的成功。

决定我们命运的不是环境，而是心态。无论身处什么样的环境，一旦养成了消极被动的工作态度和习惯，人就很容易不思进取、目光狭隘，慢慢地丧失活力与创造力，忘记自己当初信誓旦旦的人生信条与职业规划，最终走向好逸恶劳、一事无成的深渊。

环境是好是坏，标准并不在环境本身，而在于人如何自处：置身其间，不迷失自己，保持积极主动的精神，这样的环境再"坏"也是好环境；反之，再"好"的环境也是坏环境。环境对人确实有一定的影响，而最关键的还是人自身，顺境或逆境都不能成为消极被动的借口。难怪有人说，我们的环境——心理的、感情的、精神的，完全由我们自己的态度来创造。

年轻人只要学会不被困境摆布的人生态度，最终就能够打破常规，获得奇迹般的胜利。

别管理时间了，不够用的是你自己

俗话说："一分耕耘，一分收获。"也就是说耕耘与收获是成正比的。要想比别人取得更多的成就，唯一的方法就是比别人多做一点。多做点儿只会"增肥"，不会"掉肉"。

萨姆是一家连锁超市的打包员，日复一日地重复着几乎不用动脑甚至不需要什么技巧的简单工作。但是，有一天，他听了一个主题为"建立岗位意识和重建敬业精神"的演讲，便想如何通过自身的努力使自己的单调工作变得丰富起来。他让父亲教他如何使用计算机，并设计了一个程序，然后，每天晚上回家后，他就开始寻找"每日一得"，输入计算机，再打印出许多份，在每一份的背面都签上自己的名字。第二天，他给顾客打包时，就把这些写着温馨有趣或发人深省的"每日一得"纸条放入买主的购物袋中。

　　结果，奇迹发生了。一天，连锁店经理到店里，发现在萨姆的结账台前排队的人比其他结账台多出3倍！经理大声嚷道："多排几队！不要都挤在一个地方！"可是没有人听，顾客们说："我们都排萨姆的队——我们想要他的'每日一得'。"一个妇女走到经理面前说："我过去一个礼拜来一次商店。可现在我路过就会进来，因为我想要那个'每日一得'。"

　　古人云，将欲取之，必先予之。我们做任何事情，要想有所成就，都必须付出代价，没有付出是不可能有收获的。你所付出的额外劳动或者服务都不会是徒劳的，总有一天，它将带给你更多的回报。

　　无论我们在什么行业，无论我们的职位高低，多付出一些的做法会使我们成为公司中不可或缺的角色，这是因为我们能够提供他人没有提供的服务。也许有人比我们更有知识、技术更高明、声望更高，但他们却不能和我们一样为公司提供多出一点点的服务。

比别人多做一点，就要求我们看得比别人更远一点，动力比别人更足一点，行动比别人快捷一点，做得比别人更多一点，坚持的时间比别人更久一点，做事比别人更自觉一点，态度比别人更认真一点，方法比别人更灵活一点……

一个富有的人讲述了自己成功的经历：

"50 年前，我开始踏入社会谋生，在一家五金店找到了一份工作，每年才挣 75 美元。有一天，一位顾客买了一大批货物，有铲子、钳子、马鞍、盘子、水桶、箩筐等。这位顾客过几天就要结婚了，提前购买一些生活和劳动用具是当地的一种习俗。货物堆放在独轮车上，装了满满一车，骡子拉起来也有些吃力。送货并非我的职责，而完全是出于自愿——我为自己能运送如此沉重的货物而感到自豪。

"一开始一切都很顺利，但是，车轮一不小心陷进了一个不深不浅的泥潭里，我使出吃奶的劲儿都推不动。一位心地善良的商人驾着马车路过，用他的马拖起我的独轮车和货物，并且帮我将货物送到顾客家里。在向顾客交付货物时，我仔细清点货物的数目，一直到很晚才推着空车艰难地返回商店。我为自己的所作所为感到高兴，但是老板并没有因我的额外工作而称赞我。

"第二天，那位帮我的商人将我叫去，告诉我说，他发现我工作十分努力，热情很高，尤其注意到我卸货时清点物品数目的细心和专注。因此，他愿意为我提供一个年薪 500 美元的职位。

我接受了这份工作，并且从此走上了致富之路。"

事情往往就是这样的，你愿意多付出一点点，机遇便会回报你更多。从故事中我们可以看出，这位富人的成功只因为一点——比别人多付出一点点。"多付出一点点"，不是语言上的自我表白，而是行动上的真正体现。"多付出一点点"的目的，并不是为了即时得到相应的回报。也许你的投入无法立刻得到相应的回报，但不要气馁，应该一如既往地多付出一点，回报可能会在不经意间以出人意料的方式出现。如果你能在不渴求回报的情况下，以一种积极自觉的态度比别人"多付出一点点"，把工作做到最好，那么，你就会得到一盏照亮你前程的机遇之灯，而不仅仅是一点回报。

我们只有冲出工作的"围墙"，树立多付出一些的信念，才能使我们在任何地方、任何时候都立于不败之地。

思想上积极，行动上主动

不断地努力，才能不断地靠近成功。不要一味地空谈，尽快付出行动，才能尽早地收获成功。在我们的生活中，每天都有成千上万的人不采取行动，他们一味地将自己的新构想拖延着，不付诸实践，最终将这些好想法取消或者埋葬，尽管这样，这些构想还会来折磨他们。可能我们身边很少有人愿意窝囊地活着，大多数人都想让自己成功，有出息。但是，大多数人只是有这样或那样的想法，并没有将想法付诸行动。所以，这导致真正成功的人很少。因为，他们拖延着，幻想着，人生就这样在这幻想与拖延中度过。

成功的快乐可能不是行动所摘下来的果子，但是，如果没有行动，所有的果子都会在树上烂掉。所以，你要时时记住，要想成功，只有行动起来。只有不断地努力，才是你行动力的表现。不要担心方法的笨拙和时间的快慢。正所谓，只要功夫深，铁杵磨成针。当失败者仍在沉默的时候，你就去说话；当失败者休息的时候，你就去工作；当失败者说太晚的时候，你已经做好了。要想使你宏伟的计划不是永远停留在纸上的蓝图，你只能用实际行动把它变为现实。

哲学家正在和他的学生讨论，看谁有诀窍不用钓具也能将水池中的鱼捉起来。

学生想只要朝里面丢石头，将鱼惊得蹦到岩上就有办法捉住它。于是他马上从地上捡起许多石子，猛烈地朝池中的鱼投去，可惜没有一个石子击中鱼。他累得直喘气，只好无奈地放弃了。这时，哲学家不慌不忙地掏出一把小汤匙，把鱼池中的水一匙一匙地舀到沟里。学生一脸骇然："这要等到什么时候啊？""这方法虽然慢了一点，但只要我不断地努力，最后的胜利必然是属于我的。"哲学家一脸的胜券在握。

哲学家的行为告诫我们，成功没有捷径可走，只有不畏劳苦沿着陡峭山路攀登的人，才能达到顶峰。成功凝聚着一个人的行动力。要想成功，就要不断地努力，经过长时间完成其发展的艰辛过程，并一心一意地朝着这个目标奋斗，方可望有所成就。

全世界最伟大的篮球运动员迈克尔·乔丹在率领公牛队获得两次三连冠后，毅然决定退出篮坛，因为他已经得到世界上篮球运动史中最多的个人光荣纪录与团队纪录，他是 20 世纪最伟大的体坛运动员。在退休后，记者采访时间他成功的原因，他说："我成功了！因为我比任何人都努力。"

乔丹不只比任何人都努力，在他处于巅峰的时候，他还比自己更努力，不断要突破自己的极限与纪录。在公牛队练球的时候，他的练习时间比任何人都长，据说他除了睡觉时间之外，一天只休息两个小时，剩下的时间全部练球。

时常看到有的篮球运动员在罚球的时候投不进球，于是，对手就不断运用策略在他身上犯规。但如果他有一天也像乔丹一样只休息两个小时，其余时间全部站在罚线练球增加自己的准确度，这样持续一年下来，他罚球的能力定会提高。

是的，"努力"这两个字听起来好像令你很不愿意去做，但是你不能回避这两个字，因为成功的确需要努力。

要把握住自己内在的动力，超越自我，才能不断地鞭策自己前进，而不因一时的懈怠或暂时的成功而失去继续努力的动力。一个人的成功与否与他的行动力有莫大的关系。有些人有一个天才的想法，却没有天才的行动，结果这个想法便失去了价值；有些人有一个开始未必完美的想法，却有天才的行动，结果这个想法却修成正果，大放异彩。你采取的行动力与你的成功成正比。

不断的努力会带来意想不到的收获。很多人决心改变人际关系，他们很多次想增加拜访客户量，多少人抱怨自己工资收入少，却迟迟不去努力换工作，很多次想提升收入，很多次想改善生活质量，很多次想学英语，很多次想减轻体重，很多次想改变自己，但是做到了没有？成功了没有？如果，一个人坚定不移地将经历投入一件事，成功的概率一定能够很大。能做到的没有做到，能做成功的没有做成功，一定因为行动力不够。

正因为喜欢拖延，正因为中途放弃，很多人终生没有大的成就。如果你想获得心中所要的结果，你就需要有一个好的想法，你需要一个强大的行动力，关键是坚持不懈的努力。从现在起，比别人多努力一点，你将会得到更多的回报。

第三章

你如何过一天，
便如何过一生

你现在的生活方式，决定了未来的打开方式

有的人想做大事，却漫无目标，得过且过。这样的人肯定会有很多局限性而无法超越自我，难有大的突破和进展。实际上，凡是有"得过且过"心态的人，无不是给自己立了一堵墙，并陶然忘我地在围墙之内沉醉。殊不知，这俨然是在耗费生命。

在古希腊，有两个同村的人，为了比高低，打赌看谁走得离家最远。于是，他们同时却不同道地骑着马出发了。

一个人走了13天之后，心想："我还是停下来吧，因为我已经走了很远了。他肯定没有我走得远。"于是，他停了下来，休息了几天，掉转马头返回家乡，重新开始他的农耕生活。

而另外一个人走了7年，却没回来，人们都以为这个傻瓜为了一场没有必要的打赌而丢了性命。

有一天，一支浩浩荡荡的队伍向村里开来，村里的人不知发生了什么大事。当队伍临近时，村里有人惊喜地叫道："那不是克尔威逊吗？"消失了7年的克尔威逊已经成了军中统帅。

他下马后，向村里人致意，然后说："鲁尔呢？我要谢谢他，因为那个打赌让我有了今天。"鲁尔羞愧地说："祝贺你，好伙伴。我至今还是农夫！"

暂时满足的心态只能使你次人一等。生活中有多少人都是这样成为次人一等者的啊！

　　一个有生气、有计划、克服消极心态的人，一定会不辞任何劳苦，坚持不懈地向前迈进，他们从来不会想到"将就过"这样的话。有些人常常对他人说："得过且过，过一把瘾吧！""只要不饿肚子就行了！""只要不被撤职就够了！"这种青年无异于承认自己没有生机。他们简直已经脱离了世人的生活，至于"克服消极心态"那更是想也不必想了。

　　打起精神来！它虽然未必能够使你立刻有所收获，或得到物质上的安慰，但它能够充实你的生活，使你获得无限的乐趣，这是千真万确的。

　　无论你做什么事，打不起精神来就不能克服消极心态。你必须全神贯注，竭尽所有的精力去做它，务必使你每天都有显著的克服消极心态的进步，因为我们每天从事的工作都可以训练和发展我们克服消极心态的能力。一个人如能打定如此坚决的主意，那他的收获一定不会仅够"填饱肚子"的。

　　那些克服消极心态而成就的大事，绝非仅欲"填饱肚子"以及做事"得过且过"的人所能完成的，只有那些意志坚决、不辞辛苦、十分热心的人才能完成这些事业。

　　在美国西部，有个天然的大洞穴，它的美丽和壮观超出人们的想象。但是这个大洞穴一直没有被人发现，没有人知道它的存在，因此它的美丽也等于不存在。有一天，一个牧童偶然发现洞穴的入口，从此，新墨西哥州的绿巴洞穴成为世界闻名的胜地。

科学研究表明，我们每个人都有140亿个脑细胞，而一个人只利用了肉体和心智能源的极小部分。若与人的潜力相比，我们只处于半醒状态，还有许多未发现的"绿巴洞穴"。正如美国诗人惠特曼诗中所说：

我，我要比我想象得更大、更美

在我的，在我的体内

我竟不知道包含这么多美丽

这么多动人之处……

人是万物的灵长，是宇宙的精华，我们每个人都具有光扬生命的本能。为"生命本能"效力的就是人体内的创造机能，它能创造人间的奇迹，也能创造一个最好的你。

我们每个人心里都有一幅"心理蓝图"或一幅自画像，有人称它为"自我心像"。自我心像有如电脑程序，直接影响它的运作结果。如果你的心像想的是做最好的你，那么你就会在你内心的"荧光屏"上看到一个踌躇满志、不断进取的自我。同时，还会经常听到"我做得很好，我以后还会做得更好"之类的信息，这样你注定会成为一个最好的你。美国哲学家爱默生说："人的一生正如他一天中所设想的那样，你怎样想象，怎样期待，就有怎样的人生。"美国赫赫有名的钢铁大王安德鲁·卡内基就是一个能充分发挥自己创造机能的楷模。他12岁时由苏格兰移居美国，最初在一家纺织厂当工人，当时，他的目标是决心"做全工厂最出色的工人"。因为他经常这样想，也是这样做的，最后果真成为全工厂最优秀的工人。后来命运又安排他当邮递员，他想的是怎样"做全美最杰出的邮递员"。结果他的这一目标也实现了。他的一生总是根据自己所处的环境和地位塑造最佳的自己，他的座右铭就是："做一个最好的自己。"

时光，会把最好的留给最愿意努力的人

有一位年轻人，在一家石油公司里谋到一份工作，任务是检查石油罐盖焊接好没有。这是公司里最简单枯燥的工作，凡是有出息的人都不愿意干这件事。这位年轻人也觉得天天看一个个铁盖太没有意思了。他找到主管，要求调换工作。可是主管说："不行，别的工作你干不好。"年轻人只好回到焊接机旁，继续检查那些油罐盖上的焊接圈。既然好工作轮不到自己，那就先把这份枯燥无味的工作做好吧！

从此，年轻人静下心来，仔细观察焊接的全过程。他发现，焊接好一个石油罐盖，共用 39 滴焊接剂。为什么一定要用 39 滴呢？少用一滴行不行？在这位年轻人以前，已经有许多人干过这份工作，从来没有人想过这个问题。这个年轻人不但想了，而且认真测算试验。结果发现，焊接好一个石油罐盖，只需 38 滴焊

接剂就足够了。年轻人在最没有机会施展才华的工作上，找到了用武之地。他非常兴奋，立刻为节省一滴焊接剂而努力工作。原有的自动焊接机，是为每罐消耗39滴焊接剂专门设计的，用旧的焊接机，无法实现每罐减少一滴焊接剂的目标。年轻人决定研制新的焊接机。经过无数次尝试，他终于研制成功了"38滴型"焊接机。使用这种新型焊接机，每焊接一个罐盖可节省一滴焊接剂。积少成多，一年下来，这位年轻人竟为公司节省开支5万美元。一个每年能创造5万美元价值的人，谁还敢小瞧他呢？由此年轻人迈开了成功的第一步。

做任何事情，都要重视一点一滴的积累，从量变达到质变。走好每一小步路，你才会走向成功。连小事都做不好的人是做不成大事的。

正如海尔总裁张瑞敏所说的："把一件平凡的事做好就是不平凡；把简单的事做好就是不简单。"能做好细节的人也许未必一定能做好大事，但可以肯定的是做不好小事的人，大事就不可能做好。

美国著名的建筑大师莱特，在他毕生许多作品中，最杰出而脍炙人口的也许要算坐落于日本东京的抗震帝国饭店。这座建筑物使他名列当代世界一流建筑师之林。1916年，日本小仓公爵率领了一批随员代表日本政府前往美国，聘请莱特建一座不畏地震的建筑。莱特随团赴日，将各种问题实地考察了一番，发现日本的地震是继剧震而来的波状运动，于是断定许多建筑物之倒塌实际上是因为地基过深，地基过厚。过深、过厚的地基会随着地壳移动，而使建筑物坍塌下来。

他决定将地基筑得很浅，使之浮在泥海上面，从而使地震无从肆虐。莱特决定尽量利用那层深仅八尺的土壤。他所设计的地基系由许多水泥柱组成，柱子穿透土壤栖息在泥海上面，可是这种地基究竟能不能支持偌大一座建筑物呢？莱特费了一整年工夫在地面遍击洞孔从事实验。他将长八尺、直径八寸的竹竿插进土里，随即很快抽出来以防地下水冒出，然后注入水泥，他在这种水泥柱上压以铸铁，测验它能负担的重量。结果成绩颇为惊人。根据帝国饭店的预计总重量，他算出了地基所需的水泥柱数，在各种数据准确的情况下，大厦动工了。筑墙所用的砖也经过他特别设计，厚度加倍。1920 年帝国饭店正式完工，莱特返美。

三年之后，一次举世震骇的大地震突袭东京与横滨。当时莱特正在洛杉矶创建一批水泥住宅，闻讯坐卧不宁，等待着关于帝国饭店的消息。- 连数日毫无消息，到了某天凌晨三时，莱特的旅店寓所里电话铃声狂鸣。"喂！你是莱特吗？"听筒内传来一阵令人沮丧的声音："我是洛杉矶检验报的记者。我们接到消息说帝国饭店已被地震毁了。"数秒钟后他坚定地回答道："你若把这条消息发出去，包你会声明更正。"十天之后，小仓公爵拍来了一通电报："帝国饭店安然无恙，从此成为阁下的天才纪念品。"帝国饭店在整个灾区中竟因是唯一未受损害的房屋而成了千万灾民的归宿。小仓公爵的贺电顷刻间传遍全球，莱特成了妇孺皆知的名流。

生活中我们经常会发现，那些功成名就的人，在功成名就之前，早已默默无闻地努力工作过很长一段时间。成功是一种努力积累的结果，更是苛求工作细节的最佳诠释。在实际工作中，唯有苛求细节的尽善尽美，才是走向成功的最佳途径。如果凡事你都没有苛求完美的积极心态，那么你永远无法达到成功的顶峰。

不要闲，不要嫌

自己失去了进取心，就算机会放在你身边，你也抓不住它。进取心是前进的动力，进取心是扬帆远航的风向标。没有了进取心是一件可怕的事，那就意味着一个人终将碌碌无为地过完他的一生，甚至连自己的心也变得逐渐麻木，只是在这个世上混饭吃。

拿破仑·希尔说："成也积极，败也积极，进也积极，退也积极，永远积极。"只有拥有积极进取的心，你才有可能抓住稍纵即逝的机会。如果你一味消极避世，怨天尤人，那么就算机会放在你的手边，你也抓不住它，又怎么去改变不顺的现状？

有一天，约翰去拜访毕业多年未见的老师。老师见了约翰很高兴，就询问他的近况。

这一问，引发了约翰一肚子的委屈。约翰说："我对现在做的工作一点都不喜欢，与我学的专业也不相符，整天无所事事，工资也很低，只能维持基本的生活。"

老师吃惊地问："你的工资如此低，怎么还无所事事呢？"

"我没有什么事情可做，又找不到更好的发展机会。"约翰无可奈何地说。

"其实并没有人束缚你，你不过是被自己的思想抑制住了，明明知道自己不适合现在的位置，为什么不去再多学习其他的知识，找机会自己跳出去呢？"老师劝告约翰。

约翰沉默了一会儿说："我运气不好，什么样的好运都不会降临到我头上的。"

"你天天在梦想好运，而你却不知道机遇都被那些勤奋和跑在最前面的人抢走了，你永远躲在阴影里走不出来，哪里还会有什么好运。"老师郑重其事地说，"一个没有进取心的人，永远不会得到成功的机会。"

约翰的平淡无奇，就在于他把积极的心放在了别处。如果他能把积极进取常放心头，他的人生怎么会如此平庸？

一块有磁性的金属，可以吸起比它重一倍的重物，但是如果你除去这块金属的磁性，它甚至连轻如羽毛的东西都吸不起来。同样的，人也有两类：一类是有磁性的人，他们充满了信心和信仰。他知道他们天生就是个胜利者、成功者；另外一类人，是没有磁性的人，他们充满了畏惧和怀疑。机会来时，他们却说："我可能会失败，我可能会失去我的钱，人们会耻笑我。"这一类人在生活中不可能会有成就，因为他们害怕前进，他们就只能停留在原地。

生活中，拥有一颗积极进取的心，比什么都重要。

黛安妮是美国一家大时装企业的创始人。她23岁的时候，从父亲那儿借款三万美元，自己开了一家服装设计公司。后来她将自己的公司发展成了一个庞大的时装企业，现在年销售额达200万美元。接着，她又办起一家经营化妆品的公司，还同其他公司合作用她的名字做商标生产皮鞋、手提包、围巾和其他产品。她只用了5年时间就完成了这一切。

这位时装企业的女强人对成功又是怎样解释的呢？她说："如果把生活比作旅程，成功便是在沙漠中看到一片绿洲，你在这里稍事休息，举目四望，欣赏一下这里的景致，呼吸几口清新的空气，再睡上一个好觉，然后继续前进。我认为成功就是生活，就是能够享受生活的一切——既有欢乐和胜利，也有痛苦和失败。"

黛安妮认为，有一种不断前进的欲望在推动着她。"当我朝着一个目标努力时，这个目标又将我带到一个新的高度，使我踏上了一条通往新生活的道路。我并不是总知道自己在走向何处。前进中会发生各种事情，会出现不同的情况，甚至遇到灾难，而道路也越走越广。我有一个不变的信念，就是：'在自己的人生经历中，不放过任何一个成功的机遇。'"

黛安妮事业上的成功取决于她积极进取的精神。满足现状意味着退步，一个人如果从来不为更高的目标做准备的话，那么他永远都不会超越自己，永远只能停留在自己原来的水平上，甚至会倒退。

没有一个人有骄傲的资本，因为任何一个人，即使在某一方面的造诣很深，也不能够说他已经彻底精通、彻底研究全了。"生命有限，知识无穷"，任何一门学问都是无穷无尽的海洋，都是无边无际的天空……所以，谁也不能够认为自己已经达到了最高境界，可以停步不前、趾高气扬了。如果是那样的话，则必将很快被同行赶上，被后人超过。所以，我们要一直保持积极进取的精神，去追寻自己的理想。

勤奋，总是能让资质平平变成与众不同

一位哲人曾经说过："世界上能登上金字塔顶的生物只有两种：一种是鹰，一种是蜗牛。不管是天资奇佳的鹰，还是资质平庸的蜗牛，能登上塔尖，极目四望，俯视万里，都离不开两个字——勤奋。"

勤奋，是成功的助推器，是保持优秀的方法。勤奋就是同样的工作量你比别人更卖力以求尽善尽美地完成。如果你智力平庸，能力一般，那唯一属于你通往成功的捷径就是勤奋。

如果你有着很高的才华，那么勤奋会让你的才华绽放更多的光彩。你只要比别人更加勤奋，那么成功在你的手中就会变得更

加简单。

一个人的发展与成长，天赋、环境、机遇、学识等外部因素固然重要，但重要的是自身的勤奋与努力。没有自身的勤奋，就算是天资奇佳的雄鹰也只能空振双翅；有了勤奋的精神，就算是行动迟缓的蜗牛也能雄踞塔顶，观千山暮雪，渺万里云层。成功不单纯依靠能力和智慧，更要靠每一个人自身孜孜不倦的勤奋工作。

有一个偏远山区的小姑娘到城市打工，由于没有什么特殊技能，于是选择了餐馆服务员这个职业。在常人看来，这是一个不需要什么技能的职业，只要招待好客人就可以了。许多人已经从事这个职业多年了，但很少有人会认真投入这个工作，因为这看起来实在没有什么需要投入的。

这个小姑娘恰恰相反，她一开始就表现出了极大的热情，并且彻底将自己投入到工作之中。她不辞劳苦，每天忙到很晚，而且无论老板在与不在，她始终如一地忙碌着。一段时间以后，她不但能熟悉常来的客人，而且掌握了他们的口味，只要客人光顾，她总是千方百计地使他们高兴而来，满意而去。她不但赢得了顾客的交口称赞，也为饭店增加了收益——她总是能够使顾客多点一二道菜，并且在别的服务员只照顾一桌客人的时候，她却能够独自招待几桌的客人。

就在老板逐渐认识到其才能，准备提拔她做店内主管的时候，她却婉言谢绝了这个任命。原来，一位投资餐饮业的顾客看中了她的才干，准备投资与她合作，资金完全由对方投入，她负责管理和员工培训，并且郑重承诺：她将获得新店 25% 的股份。

现在，她已经成为一家大型餐饮企业的老板。

勤奋，终于让山村姑娘成为城市里的老板，所以身为员工任何时候都应记住，老板不在绝不能成为你偷懒或放松自己的理由。恰恰相反，你应该将之视为一个机会，一次考验，在严格自律的同时，锻炼一下自我鞭策的能力，让自己有一个积极的进步。

"懒惰"是个很有诱惑力的怪物，人的一生谁都会与这个怪物相遇。经常有人爱睡懒觉，也有的人起床后什么事也不想干，做起事来能拖就拖，自己能做的也懒得做，遇到不懂的问题，也懒得动脑子思考。"懒惰"是人类最难克服的一个敌人，许多本来可以做到的事，都因为一次又一次的懒惰拖延而错过了成功的机会。

成才的两种途径：一是专门的学习，这要花费自己的很多金钱和时间；二是公司为你提供的学习机会，包括在职培训，这是不用付费的"搭便车"，是最好的机会。而究竟谁能够得到这种"搭便车"的机遇，关键在于谁更用心，谁更勤奋。

俗话说："师傅领进门，修行在个人。"无论是公司的培训还是员工自己有意识地汲取知识，都要通过严格的自律和勤奋的努力来实现，与老板无关。古语说："士别三日，当刮目相看。"一个有前途的员工不会趁老板不在的时候松懈，相反他们还会把老板不在当作提高自我的有利契机。

勤奋，不仅仅是美德，更是一种成功的资本，幸福的源泉。无论你现在是雄鹰还是蜗牛，要想登上塔顶，成就辉煌，都要记住一句话：无论何吋，勤奋不减！本着这样的态度，你就可以把工作当成终身的职业，用心去经营，努力去改进，而这种种勤奋所带来的结果就是你事业的卓越，你人生的飞扬。

天才百分之二是灵感，百分之九十八是汗水。天才往往产生于超乎常人的精力与工作能力的人群里。天才就是勤奋，不勤奋，无所得。人的天赋就像火花，它可以熄灭，也可以燃烧起来，而逼它燃烧成熊熊大火的方法只有一个，就是勤奋，再勤奋。亚历山大·汉密尔顿曾经说过："有时候人们觉得成功是因为天赋，但其实，真正创造成功的不是天分而是勤奋。"

第四章

顺风可以奔跑，
逆风却能飞翔

苦难不会长久，强者却可长存

苦难对于弱者是一个深渊，而对于天才来说则是一块垫脚石。生命不会是一帆风顺的，任何人都会遇到逆境。从某种意义上说，经历苦难是人生的不幸，但同时，如果你能够正视现实，从苦难中发现积极的意义，充分利用机会磨炼自己，你的人生将会得到不同寻常的升华。

美国前总统克林顿并不算是天才人物，但他能登上美国总统的宝座，与他个人的勤奋和磨炼不无关系。

克林顿的童年很不幸。他出生前4个月，父亲就死于一次车祸。他母亲因无力养家，只好把出生不久的克林顿托付给自己的父母抚养。童年的克林顿受到外公和舅舅的深刻影响。他自己说，他从外公那里学会了忍耐和平等待人，从舅舅那里学到了说到做到的男子汉气概。

他7岁随母亲和继父迁往温泉城，不幸的是，双亲之间常因意见不合而发生激烈冲突。继父嗜酒成性，酒后经常虐待克林顿的母亲，克林顿也经常遭其斥骂。这给从小就寄养在亲戚家的克林顿的心灵蒙上了一层阴影。

坎坷的童年生活，使克林顿形成了尽力表现自己，争取别人喜欢的性格。

他在中学时代非常活跃，一直积极参与班级和学生会活动，并且有较强的组织和社会活动能力。他是学校合唱队的主要成员，而且被乐队指挥定为首席吹奏手。

1963 年夏，他在"中学模拟政府"的竞选中被选为参议员，应邀参观了首都华盛顿，这使他有机会看到了"真正的政治"。参观白宫时，他受到了肯尼迪总统的接见，不但同总统握了手，而且还和总统合影留念。

此次华盛顿之行是克林顿人生的转折点，使他的理想由当牧师、音乐家、记者或教师转向了从政，梦想成为肯尼迪第二。

有了目标和坚强的意志，克林顿此后 30 年的全部努力，都紧紧围绕这个目标。上大学时，他先读外交，后读法律——这些都是政治家必须具备的知识修养。离开学校后，他一步一个脚印：律师、议员、州长，最后达到了政治家的巅峰：总统。

"自古雄才多磨难，从来纨绔少伟男"，克林顿从小在逆境中成长，却经常保持自信和乐观的态度。童年的不幸没有给克林顿造成心灵的阴影，反而激发了他战胜挫折的决心。失败和教训使他变得聪明和成熟，正是失败本身才最终造就了成功。我们要悦纳自己和他人他事，要能容忍挫折，学会自我宽慰，心怀坦荡、情绪乐观、满怀信心地去争取成功。

如果能在挫折中坚持下去，挫折实在是人生不可多得的一笔财富。有人说，不要做在树林中安睡的鸟儿，要做在雷鸣般的瀑布边也能安睡的鸟儿，就是这个道理。逆境并不可怕，只要我们学会去适应，那么挫折带来的逆境，反而会给我们以进取的精神和百折不挠的毅力。

挫折让我们更能体会到成功的喜悦，没有挫折我们不懂得珍惜，没有挫折的人生是不完美的。世事常变化，人生多艰辛。在漫长的人生之旅中，尽管人们期盼能一帆风顺，但在现实生活中，却往往令人不期然地遭遇逆境。逆境是理想的幻灭、事业的挫败；是人生的暗夜、征程的低谷。就像寒潮往往伴随着大风一样，逆境往往是通过名誉与地位的下降、金钱与物资的损失、身体与家庭的变故而表现出来的。逆境是人们的理想与现实的严重背离，是人们的过去与现在的巨大反差。每个人都会遇到逆境，以为逆境是人生不可承受的打击的人，必不能挺过这一关，可能会因此而颓废下去；而以为逆境只不过是人生的一个小坎儿的人，就会想尽一切办法去找到一条可迈过去的路。这种人，多迈过几个小坎儿的，就不会怕大坎儿，就能成大事。

世事艰辛，不如意者十有八九，不必因不平而泄气，也不必因逆境而烦恼，只要自己努力，机会总会有的。人生来都希望在一个平和顺利的环境中成长，但上帝并不喜爱安逸的人们，他要挑选出最杰出的人物，于是他让这些人历经磨难，千锤百炼终于成金。

一个人若想有所成就，那么苦难就成为一道你必须超越的关卡。就像神话所说的那样，那条鲤鱼必须跳过龙门，才能超越自我的境界，人生又何尝不是如此？超越人生的苦难，幸福就在彼岸。

哪怕脚踩泥泞，也要伸手摘星

由于经济破产和从小落下的残疾，人生对格尔来说已索然无味了。

在一个晴朗日子，格尔找到了牧师。牧师耐心听完了格尔的倾诉。"是的，不幸的经历使你心灵充满创伤，你现在生活的主要内容就是叹息，并想从叹息中寻找安慰。"他闪烁的目光始终燃烧着格尔，"有些人不善于抛开痛苦，他们让痛苦缠绕一生直至幻灭。但有些人能利用悲哀的情感获得生命悲壮的感受，并从而对生活恢复信心。"

"让我给你看样东西。"他向窗外指去。那边矗立着一排高大的枫树，在枫树间悬吊着一些陈旧的粗绳索。他说："60年前，这儿的庄园主种下这些树护卫牧场，他在树间牵拉了许多粗绳索。对于幼树嫩弱的生命，这太残酷了，这创伤无疑是终生的。有些树面对残忍现实，能与命运抗争，而另有一些树消极地诅咒命运，结果就完全不同了。"

他指着那棵被绳索损伤已枯萎的老树说："为什么那棵树毁掉了，而这一棵树已成绳索的主宰而不是其牺牲品呢？"

眼前这棵粗壮的枫树看不出有什么疤痕，所看到的是绳索穿过树干——几乎像钻了一个洞似的，真是一个奇迹。

"关于这些树，我想过许多。"他说，"只有体内强大的生命力才可能战胜像绳索带来的那样终生的创伤，而不是自己毁掉这宝贵的生命。"

沉思了一会儿后，他说："对于人，有很多解忧的方法。在痛苦的时候，找个朋友倾诉，找些活干。对待不幸，要有一个清醒而客观的全面认识，尽量抛掉那些怨恨情感负担。有一点也许是最重要的，也是最困难的：你应尽一切努力愉悦自己，真正地爱自己，并抓住机会磨炼自己。"

对于一个人来说，苦难确实是残酷的，但如果你能充分利用苦难这个机会来磨炼自己，苦难会馈赠给你很多。就像这棵树一样，尽管它曾经经历了绳索带来的痛彻心扉的创伤，但依旧凭借着自己强大的毅力存活下来，在它的躯干上看不到绳索留下的创伤，人们只见到一根绳索从它的中间穿过去，是它用自己的躯体包裹了伤口，并且成为绳索的主宰。

在遇到挫折困苦时，我们不妨像这棵树学学，聪明一些，找方法让精神伤痛远离自己的心灵，利用苦难来磨炼自己的意志。尽一切努力愉悦自己，真正地爱自己。我们的生命就会更丰盈，精神会更饱满，我们就可能会拥有一个辉煌壮美的人生。

我们在埋怨自己生活多磨难的同时，不妨想想这位老人的人生经历，或许还有更多多灾多难的人们，与他们相比我们的困难和挫折算什么呢？自强起来，生命就会站立不倒。

德国有一位名叫班纳德的人，在风风雨雨的50年间，他遭受了200多次磨难的洗礼，从而成为世界上最倒霉的人之一，但这些也使他成为世界上最坚强的人之一。

　　他出生后14个月，摔伤了后背；之后又从楼梯上掉下来摔残了一只脚；再后来爬树时又摔伤了四肢；一次骑车时，忽然一阵大风，不知从何处而来，把他吹了个人仰车翻，膝盖又受了重伤；13岁时掉进了下水道，差点窒息；一次，一辆汽车失控，把他的头撞了一个大洞，血如泉涌；又有一辆垃圾车，倒垃圾时将他埋在了下面；还有一次他在理发屋中坐着，突然一辆飞驰的汽车驶了进来……

　　他一生倒霉无数，在最为晦气的一年中，竟遇到了17次意外。

　　但更令人惊奇的是，老人至今仍旧健康地活着，心中充满着自信，他已经历经了200多次磨难的洗礼，他还怕什么呢？

　　面对逆境，不同的人有着不同的观点和态度。就悲观者而言，逆境是生存的炼狱，是前途的深渊；就乐观的人而言，逆境是人生的良师，是前进的阶梯。逆境如霜雪，它既可以凋叶摧草，也可使菊香梅艳；逆境似激流，它既可以溺人殒命，也能够济舟远航。逆境具有双重性，就看人怎样正确地去认识和把握。

　　古往今来，凡立大志、成大功者，往往都饱经磨难，备尝艰辛。逆境成就了"天将降大任者"。如果我们不想在逆境中沉沦，那么我们便应直面逆境，奋起抗争，用苦难磨炼自己的意志，以坚忍不拔的意志奋力拼搏，来迎接明天美好的太阳。

成功就是爬起比跌倒的次数多一次

彼得·丹尼尔小学时常遭老师菲利普太太的责骂："彼得，你功课不好，脑袋不行，将来别想有什么出息！"彼得在26岁前仍是大字不识几个，有一次，一位朋友念了一篇《思考才能致富》的文章给他听，给了他相当大的启示。现在他买下了当初他常打架闹事的街道，并且出版了一本书——《菲利普太太，你错了》。

《小妇人》的作者露慧莎·梅艾尔卡特的家人曾希望她能找个用人或裁缝之类的工作。

歌剧演员卡罗素以美妙的歌声享誉全球，但当初他的父母希望他能当工程师，而他的老师说他那副嗓子是不能唱歌的。

华特·迪士尼当年被报社主编以缺乏创意为由开除，建立迪士尼乐园前曾破产好几次。

亨利·福特在成功前曾多次失败，破产过5次。

丘吉尔小学六年级曾遭留级，而他的前半生也充满失败与挫折，直到62岁他当上英国首相后，才以"老人"的姿态开始一番作为。

迈克·福布斯，后来成为世界上最成功的商业发行刊物之一——《福布斯》杂志的总编辑，然而他在普林斯顿大学读书时，与学校报刊的编辑成员无缘。

爱迪生小时候反应奇慢无比，老师都认为他没有学习能力。爱迪生试验了超过2000次以上才发明灯泡。有一位年轻记者问他失败了这么多次的感想，他说："我从未失败过一次。我发明了灯泡，而那整个发明过程刚好有2000个步骤。"

由于多年以来持续地丧失听力，德国作曲家贝多芬在46岁时完全成为聋人。不过，他在晚年谱写了他作品中最好的乐章，其中包括5首交响乐。

罗斯福，在39岁时瘫痪，然而，之后他成为美国最受爱戴以及最具影响力的总统之一。他曾经当选过4届美国总统。

莎拉·玛兰，被许多人视为有史以来最伟大的女艺人之一，当她70岁时，因为一次意外受伤而截肢，但是她仍然继续表演了8年之久。

1952年，艾德蒙·希拉里想要攀登世界最高峰——珠穆朗玛峰。在他失败后数周，他被邀请到英国一个团体演讲。希拉里走到讲台边，握拳指着山峰照片大声说："珠穆朗玛峰！你第一次打败我，但是我将在下一次打败你，因为你不可能再变高了，而我仍在成长中！"一年以后的5月29日，艾德蒙·希拉里成功地登上了珠穆朗玛峰。

……

就像这些成功人士一样，纵然在人生之路上会跌倒无数次，但只要站起来的次数多过跌倒，最后就能成功。正如著名作家海明威在《老人与海》里面有这样一句话："英雄可以被毁灭，但是不能被击败。"英雄的肉体可以被毁灭，但是精神和斗志不能被击败。受苦的人，因为要克服困难，所以不但不能悲观，而且要比别人更积极。

据说徒步穿过沙漠，唯一可行的办法，是等待夜晚，以最快速度走到有荫庇的下一站，中途不论多么疲劳，也不能倒下。否则第二天烈日升起，加上沙上炙人的辐射，只有死路一条。在冰天雪地中历过险的人也都知道，凡是在中途说"我撑不下去了，让我躺下来喘口气"的同伴，都很快会死亡。因为当他不再走、不再动，他的体温会迅速降低，紧接着就会被冻死。

在人生的战场上，我们不但要有跌倒之后再爬起来的毅力、拾起武器再战的勇气，而且从被击败的那一刻起，就要开始准备下一轮的奋斗，甚至不允许自己倒下，不准许自己悲观。那么，我们才不会彻底输，而只是暂时地"没有赢"。

一个人要能在任何情况下都勇敢地面对人生，无论遭遇什么，依然能保持生活的勇气，保持不服输的奋斗精神，做生活的强者。要有所成，就不得不忍受失败的折磨，在失败中锻炼自己、丰富自己，使自己更强大、更稳健。这样才可以水到渠成地走向成功。

有竞争就会有失败，失败的时候，正是我们学会思考和总结的黄金成长期。但很多人害怕被否定，一旦失败，就再也不想去尝试，越是想要逃避失败的噩运，越是重蹈覆辙，以致到最后落得无可救药。人们常说："胜败乃兵家常事，因此要胜勿骄，败勿馁。"而更重要的是要经得起挫折，在遇到挫折时多坚持一下，重整旗鼓，只要站起来的次数多过跌倒，就能开辟人生另一个战场。

我们都曾经经历过中考、高考的竞争，步入社会参加工作的时候又会遇到面试和职场技能的竞争，在这样的竞争中我们会成功，也会失败。成功是一份难得的经历，失败是一笔宝贵的财富。我们应在竞争、失利中练就我们承担挫折的勇气，为以后人生的成功做好铺垫。

低谷的短暂停留，是为了向更高峰攀登

生活陷入困顿，人生陷入低谷，这是每个人都会遇到的，在这个时候千万不能灰心丧气。世界上最容易、最有可能取得成功的人，就是那些坚忍不拔的人。无论你现在的境况如何，都要保持坚持、百折不挠。

任何成功的人在达到成功之前，没有不遭遇失败的。爱迪生在经历了一万多次失败后才发明了灯泡，而沙克也是在试用了无数介质之后，才培养出脊髓灰质炎疫苗。"你应把挫折当作是使

你发现你思想的特质，以及你的思想和你明确目标之间关系的测试机会。"如果你真能理解这句话，它就能调整你对逆境的反应，并且能使你继续为目标努力，挫折绝对不等于失败，除非你自己这么认为。

铸就坚毅的品格，是你迈向成功的基石。

李吉均，我国著名地理学家，1933 年 10 月 9 日生于四川彭县，从事冰川学、地貌学与第四纪研究。在青藏高原起源及冰川演变、庐山地貌及冰川成因等一系列问题上做出了开拓性贡献，其成果被广泛引用。李吉均院士在回顾自己的学术道路时，把自己的成功归结为"持久地追求理想，持久地追求科学真理"。1971 年李吉均义无反顾地踏上了青藏高原，尝尽了生活的艰难困苦。1974 年，在西藏羊卓雍湖畔的冰川上，李吉均积劳成疾，患上了严重的肺气肿，但他仍然坚持工作。虽然工作又苦又危险，但李吉均的内心却真切地感受到了充实和快乐。是啊，能够不受干扰地为祖国做一些真真切切的实事，向自己的理想实实在在地迈进是何等幸福啊！

在西藏和新疆工作期间，李吉均凭着一颗执着的心、顽强的意志和满腔的热情，对天山、祁连山、横断山脉的冰川进行了大量翔实周密的考察，积累了大量极有价值的科学数据，而这就成了他后来科学与研究取得成功的坚实基础。通过实地考察，李吉均对李四光先生主张的庐山古冰川渐生疑团。李四光先生可以说是我国地质学界的泰山北斗，敢于怀疑他的论断，无疑需要巨大的勇气。但李吉均凭着一股执着的劲儿参与了关于中国东部古冰川的大争论。他充分利用与庐山同纬度的横断山区的海洋性冰川的研究成果，自成一家之言，并得到了地理学界的广泛认可。

人生之路难免会有坎坷，追求成功的道路更会有许多艰辛，关键是如何面对这一切，李吉均院士的事迹告诉我们成功的关键。

我们的力量来自我们的软弱，直到我们被戳、被刺，甚至被伤害到疼痛的程度时，才会唤醒包藏着神秘力量的愤怒。伟大的人物总是愿意被当成小人物看待，当他坐在占有优势的椅子中时会昏昏睡去，当他被摇醒、被折磨、被击败时，便有机会可以学习一些东西了；此时他必须运用自己的智慧，发挥他的刚毅精神，他会了解事实真相，从他的无知中学习经验，治疗好他的自负精神病。最后，他会调整自己并且学到真正的技巧。

因此，无论经历怎样的失败和挫折，你都要从精神上去战胜它，别把它当一回事，甩甩手从头再来，成功终究会来临。

最糟糕的遭遇有时只是美好的转折

人生在世，与命运抗争几个回合后，便臣服于逆境、挫折，你将输掉整个一生的幸福。要想真正战胜失败，关键是要学会昂首挺胸，正视失败，从中吸取教训，下次不再犯同样的错误。只有愚蠢到不可救药的人才会在同一个地方被同一块石头绊倒两次，这样的人也无法从失败中把握未来，实现命运的转折。击败逆境，离成功就又近了一步。

法国伟大的批判现实主义作家巴尔扎克，一生创作了96部长、中、短篇小说和随笔，他的作品传遍了全世界，对世界文学的发展和人类进步产生了巨大的影响。他曾被马克思、恩格斯称赞为"是超群的小说家""现实主义大师"。

在成名之前，巴尔扎克曾经过一段困顿和狼狈的日子，很少有人能够想象得出，那种窘迫与艰辛曾经是怎么折磨过他。

巴尔扎克的父亲一心希望儿子可以当律师，将来在法律界有所作为。但巴尔扎克根本不听父亲的忠告，学完四年的法律课程后，他偏偏想当作家，为此把父子关系弄得相当紧张。盛怒之下，父亲断绝了巴尔扎克的经济来源。而此时，巴尔扎克投给报社、杂志社的各种稿件被源源不断地退回来。他陷入了困境，开始负债累累。

然而，他丝毫没有向父亲屈服的意思。有时候，他甚至只能就着一杯白开水吃点干面包。但他依然那么乐观，对文学的热爱已经深深地种植在他的内心，他觉得没有什么困难可以阻挡自己向缪斯女神膜拜的脚步。他想出一个对抗饥饿与困窘的办法，每天用餐，他随手在桌子上画上一只只盘子，上面写上"香肠""火腿""奶酪""牛排"等字样，在想象的欢乐中，他开始狼吞虎咽。

为了激励自己，穷困潦倒的巴尔扎克还花费700法郎买了一根镶着玛瑙石的粗大的手杖，并在手杖上刻了一行字：我将粉碎一切障碍。正是手杖上这句气壮山河的名言支持着他。他夜以继日，不断地向创作高峰攀登。最终，他获得了巨大的成功。

巴尔扎克面对窘迫的生存环境仍不放弃自己的追求，最终他得以实现自己的梦想，写出了脍炙人口的著作，闻名于世。哲人尼采曾放言："那些能将我杀死的事物，会使我变得更有力。"在逆境中挣扎奋斗过，你终会窥见幸福的真谛。成功人士并不是天生的强者，他们的坚强、韧性并非与生俱来，而是在后天的奋斗中逐渐形成。弱者有自己生存的方式，只要相信弱者不弱，勇敢面对人生的诸多大敌，我们同样能笑到最后。

剑桥大学安东尼·霍金森教授曾经说过："我们要使自己成为战胜挫折的胜利者，而不是成为挫折的牺牲品。"挫折能把弱者削平，也能造就一个千锤百炼的强者。

当挫败来临时，用雪莱的诗勉励自己："冬天来了，春天还会远吗？"只要我们能重燃信心之火，就一定能找到崛起的机会。失败不代表人生的终结，它或许就是下一次成功的开启之门，关键在于你有没有勇气站起来推开它。

你不放弃自己，世界就不会放弃你

失败并不可怕，可怕的是跌倒了就再也爬不起来，失败一次就不敢去追求成功。要知道，只有坦然面对失败，从中吸取教训，失败才具有意义。失败之后才会迎来成功。失败是登上成功顶峰的阶梯，并不是每个人在一开始都能懂得。只有在经历失败之后，才会发现不足，才能获得提高。就如我们所说：失败的背后就是成功。

1510 年，帕里斯出生在法国南部，他一直从事玻璃制造业，直到他有一天看到一只精美绝伦的意大利彩陶茶杯。这一下，改变了他一生的命运。

"我也要造出这样美丽的彩陶。"这是他当时唯一的信念。

他建起烤炉，买来陶罐，打成碎片，开始摸索着进行烧制。

几年下来，碎陶片堆得像小山一样，可他心目中的彩陶却仍不见踪影，他甚至无米下锅了，无奈只得回去重操旧业，挣钱来生活。他赚了一笔钱后，又烧了三年，碎陶片又在窑炉旁堆成了山，可仍然没有结果。

以后连续几年，他挣钱买燃料和其他材料，不断地试验，都没有成功。长期的失败使人们对他产生了看法。都说他愚蠢，是个大傻瓜，连家里人也开始埋怨他。他也只是默默地承受。试验又开始了，他十多天都没有脱衣服，日夜守在炉旁。燃料不够了，他拆了院子里的木栅栏，怎么也不能让火停下来呀！又不够了！他搬出了家具，劈开，扔进炉子里。还是不够，他又开始拆屋子里的地板。噼噼啪啪的爆裂声和妻子儿女们的哭声，让人听了鼻子都是酸酸的。马上就可以出炉了，多年的心血就要有回报了，可就在这时，只听炉内嘭的一声，不知是什么爆裂了。所有的产品都沾染上了黑点，全成了次品。

眼看到手的成功，又失败了！帕里斯也感受到了巨大的打击，他独自一人到田野里漫无目的地走着。不知走了多长时间，大自然终于使他恢复了心里的平静，他平静地又开始了下一次试验。

经过 16 年无数次的艰辛历程，他终于成功了，而这一刻，他却一片平静。他的作品成了稀世珍宝，价值连城，艺术家们争相收藏。他烧制的彩陶瓦，至今仍在法国的卢浮宫上闪耀着光芒。

他的成功来得何等不易？在一次又一次的失败中一次又一次地重新站起，这正是帕里斯成功的所在。失败了，请永远不要放弃，谁知道哪次失败之后不会迎来成功的喜悦呢？

西奥多·罗斯福说："最好的事情是敢于尝试所有可能的事，经历了一次次的失败后赢得荣誉和胜利。这远比与那些可怜的人们为伍好得多，那些人既没有享受过多少成功的喜悦，也没有体验过失败的痛苦，因为他们的生活暗淡无光，不知道什么是胜利，什么是失败。"

在这个世界上，有阳光，就必定有乌云；有晴天，就必定有风雨。从乌云中解脱出来阳光比以前更加灿烂，经历过风雨的洗礼天空才能更加湛蓝。人们都希望自己的生活如丝顺滑，如水平静，可是命运却给予人们那么多波折坎坷。此时，我们要知道，困难和坎坷只不过是人生的馈赠，它能使我们的思想更清醒、更深刻、更成熟、更完美。

失败是成功之母，这是被无数事实证明的一条真理，在通向成功的路上，失败几乎是难以避免的；但对奋斗者来说，失败就意味着向成功又迈进一步。任何事情的成功，无不与失败有着千丝万缕的关系。成功与失败是同时存在的，就像一对双胞胎。当你成功的时候，有着将要面对失败的危机；当你失败的时候，也有着将要成功的希望。这主要在于我们怎样面对成功与失败。

而我们现在，一遇到失败，就常常沉浸在沮丧、痛苦之中，失去了信心，有的甚至还放弃了反败为胜的机会。难道我们把眼泪流干了，就能改变失败的机会？难道我们把眼泪流干了，就能改变失败的事实吗？我们的回答是：不。因此我们只有坚强地面对失败才能从失败中看到成功的希望。

所以，不要害怕失败，在失败面前，只有永不言弃者才能傲然面对一切，才能最终取得成功。其实，失败仅仅是成功的开始！

第五章

对自己有要求的人，
运气都不会太差

你看起来很厉害，所以一事无成

中国人常说："人活一张脸，树活一层皮。""面子"在我们的传统道德观念中的地位之重可见一斑。可以说，中国社会对人的约束主要就是廉耻和脸面，然而若因此就固执地以"面子"为重，养成死要面子的人生态度却不是件好事。

有一个人做生意失败了，但是他仍然极力维持原有的排场，唯恐别人看出他的失意。为了能重新振兴起来，他经常请人吃饭，拉拢关系。宴会时，他租用私家车去接宾客，并请了两个钟点工扮作女佣，佳肴一道道地端上，他以严厉的眼光制止自己久已不知肉味的孩子抢菜。

虽然前一瓶酒尚未喝完，他已打开柜中最后一瓶 XO。当那些心里有数的客人酒足饭饱告辞离去时，每一个人都热情地致谢，并露出同情的眼光，却没有一个人主动提出帮助。

希望博得他人的认可是一种无可厚非的正常心理，然而，人们在获得了一定的认可后总是希望获得更多的认可。所以，人的一生就常常会掉进为寻求他人的认可而活的爱慕虚荣的牢笼里面，面子左右了他们的一切。

林语堂先生在《吾国吾民》中指出，统治中国的三女神是

"面子、命运和恩典"。"讲面子"是中国社会普遍存在的一种民族心理，面子观念的驱动，反映了中国人尊重与自尊的情感和需要，但过分地爱面子如果任其演化下去，终将得不偿失。

有一个博士分到一家研究所，成为研究所里学历最高的一个人。

有一天他到单位后面的小池塘去钓鱼，正好正副所长在他的一左一右，也在钓鱼。他只是微微点了点头，这两个本科生，有啥好聊的呢？

不一会儿，正所长放下钓竿，伸伸懒腰，"噌噌噌"地从水面上如飞地走到对面上厕所。博士眼睛睁得都快掉下来了。水上漂？不会吧？这可是一个池塘啊。正所长上完厕所回来的时候，同样也是"噌噌噌"地从水上漂回来了。怎么回事？博士生又不好去问，自己是博士生哪！

过了一阵，副所长也站起来，走几步，"噌噌噌"地飘过水面上厕所。这下子博士更是差点昏倒：不会吧，到了一个江湖高手集中的地方？博士生也内急了。这个池塘两边有围墙，要到对面厕所非得绕十分钟的路，而回单位上又太远，怎么办？博士生也不愿意问两位所长，憋了半天后，也起身往水里跨：我就不信本科生能过的水面，我博士生不能过。只听咚的一声，博士生栽到了水里。

两位所长将他拉了出来，问他为什么要下水，他问："为什么你们可以走过去呢？"两所长相视一笑："这池塘里有两排木桩子，由于这两天下雨涨水正好在水面下。我们都知道这木桩的位置，所以可以踩着桩子过去。你怎么不问一声呢？"

上面的这个例子再经典不过了，一个人过于爱面子，难免会流于迂腐。"面子"是"金玉在外，败絮其中"的虚浮表现，刻意地张扬面子，或让"面子"成为横亘在生活之路上的障碍，终有一天会吃到苦头。因此，无论是人际方面还是在事业上，我们都不要因为小小的面子，为自己的生活带来不必要的麻烦和隐患。其实"面子观"是一种死守面子、唯面子为尊的价值观念和行事思想。"面子观"对我们行事做人有很大的束缚。因此，在不利的环境下我们要勇于说"不"，千万别过多地考虑"面子"，使自己陷入"面子观"的怪圈之中。

事实上，我们没必要为了面子而固执地使自己显得处处比别人强，仿佛自己什么都能做到。每个人都有缺陷，不要试图每一方面都在人上。聪明的人，敢于承认不如人，也敢于对自己不会做的事说不，所以他们自然能赢得一份适意的人生。

执着，让我们赢得了通往成功的门票，而固执，让我们在死守自己强势死不认输时，却输掉了整个人生。所以，正确剖析自己，敢于承认技不如人，放下不值钱的面子，走出面子围城，这不是软弱，而是人生的智慧。

你曾不堪一击，你终将刀枪不入

与人交往，你的感受如何？在错综复杂的人际交往中，如果你要认真计较的话，每天随便都可以找到四五件让人生气的事情，如被人诬陷、被连累、受人冷言讥讽，等等。有人不便及时发作，便暗自把这些事情记在心里，伺机报复。但这种仇恨心理，对对方没有丝毫损害，却会影响自己的情绪，从而自食其果。

不管别人怎样冒犯你，或者你们之间产生什么矛盾，总之"得饶人处且饶人"。

年轻的洛克菲勒空闲的时间很少，所以他总是将一个可以收缩的运动器——就是一种手拉的弹簧，可以闲时挂在墙上用手拉扯的——放在随身的袋子里。有一天，他到自己的一个分行里去，这里的人都不认识他。他说要见经理。

有一个傲慢的职员见了这个衣着随便的年轻人，便回答说："经理很忙。"洛克菲勒便说，等一等不要紧。当时待客厅里没有别人，他看见墙上有一个适当的钩子，洛克菲勒便把那运动器拿出来，很起劲儿地拉着。弹簧的声音打搅了那个职员，于是他跳起来，气愤地瞪着他，冲着洛克菲勒大声吼道："喂，你以为这里是什么地方啊，健身房吗？这里不是健身房。赶快把东西收起来，否则就出去。懂了吗？”

"好，那我就收起来吧。"洛克菲勒和颜悦色地回答着，把他的东西收了起来。

5分钟后，经理来了，很客气地请洛克菲勒进去坐。那个职员马上蔫了，他觉得他在这里的前程肯定是断送了。洛克菲勒临走的时候，还客气地和他点了点头，而他则是一副不知所措的惶恐样子。他觉得洛克菲勒肯定会惩罚自己，于是便忐忑不安地等待着处罚。但是过了几天，什么也没有发生。又过了一星期，也没有事。过了三个月之后，他忐忑不安的心才慢慢平静下来。

不管洛克菲勒是否把这件事放在心上。至少他的行为说明，他对小职员的冒犯采取了宽容的态度。

生活中，我们不免会遭遇别人的伤害和冒犯，与其"以牙还牙"两败俱伤，倒不如保持宽容和冷静，不要轻易出手反击，这既是对别人的一种容忍，也是对自己的一种尊重。

若要真正获得别人的尊敬与爱护，你要注意自己的表现，切勿盛气凌人，恃宠生娇，做出令人憎恶的事情。这里有几个方法可供参考：

第一，你要学习与每一个人融洽地相处，表现出你的随和与合作精神。面对别人的时候，不要忘记你的笑容与热忱的招呼，还要多与对方进行眼神接触，在适当的时机赞美一下他们的长处。

第二，假如你不得不对某人的表现予以批评，你的措辞也要十分小心。先把对方的优点说出来，令他对你产生好感后，他才会接受你的建议，还会视你为他的知己良朋。

第三，人人都会遇到情绪低落的时候，你要努力控制自己的脾气，切勿把心中的闷气发泄到别人的身上，这是自找麻烦的愚蠢行为。没有人会愿意跟一个情绪化的人相处，更不会对他期望过高。所以，替自己建立一个随和而善解人意的形象，这是成功的重要因素之一。

放大镜看人优点，缩微镜看人缺点

在现实生活中，不难发现很多人因为一些磕磕碰碰便和他人吵架斗嘴，甚至大打出手。很多人甚至认为，对于别人的冒犯就应该"以牙还牙，以血还血"。他们容不得别人对自己的一丁点儿侵犯。在与他人交往的过程中，他们把别人身上的缺点无限扩大，动不动就责怪他人。对于别人身上的优点呢？则以"这有什么了不起"为由来对其嗤之以鼻。这种现象其实是非常可悲的。因为当一个人以刻薄小气的胸襟为人处世时，他绝不可能有什么出息。一个用"缩微镜看人优点，放大镜看人缺点"的人，绝对不会获得美好的友谊和得到别人的帮助。

生活中，我们要善于发现别人身上的优点而不是缺点，努力学习别人的优点，这才是正确的行为。也只有以这种"放大镜看人优点，显微镜看人缺点"的心态，才能有宽广的胸襟，才能赢得别人的敬重和取得成功。

蔡元培先生就是一个有着大胸襟的人。在他担任北京大学校长时，曾有这么两个"另类"的教授。一个是"持复辟论者"和"主张一夫多妻制"的辜鸿铭。辜鸿铭当时应蔡元培先生之请来讲授英国文学。辜鸿铭的学问十分宽广而庞杂，他上课时，竟带一童仆为之装烟、倒茶，他自己则是"一会儿吸烟、一会儿喝茶"，学生焦急地等着他上课，他也不管，"摆架子，玩臭格"成了当时一些北大学生对辜鸿铭的印象。很快，就有人把这事反映到蔡元培那儿。然而蔡元培并不生气。他对前来反映情况的人解释说："辜鸿铭是通晓中西学问和多种外国语言的难得人才，他上课时展现的陋习固然不好，但这并不会给他的教授工作带来实质性的损害，所以他生活中的这些习惯我们应该宽容不较。"经过一段时间后，再也没有人来告状了，因为辜鸿铭的课堂里挤满了北大的学子。很多学生为他渊博的知识、学贯中西的见解而折服。辜鸿铭讲课从来不拘一格，天马行空的方式更是大受学生欢迎。

另一个人，则是受蔡元培先生的聘请，教《中国古代文学》的刘师培。根据冯友兰、周作人等人回忆，刘师培给学生上课时，"既不带书，也不带卡片，随便谈起来"，且他的"字写得实在可怕，几乎像小孩描红相似，而且不讲笔顺"，"所以简直不成字样"，这种情况很快也被一些学生、老师反映到蔡元培那儿。然而蔡元培却微微一笑，说："刘师培讲课带不带书都一样啊，书都在他脑袋里装着，至于写字不好也没什么大碍啊。"后来学生们发现刘师培讲课是"头头是道，援引资料，都是随口背诵"，而且文章没有做不好的。

从蔡元培对辜鸿铭和刘师培两位教授的处理方法，我们可见蔡元培量用人才的胸怀是何等求实、豁达而又准确。他把对师生个性的尊重与宽容发挥到了一种极高明的地步。为了实现改革北大的办学理想，迅速壮大北大实力，他极善于抓住主要矛盾和解决问题的关键，把尊重人才个性选择与用人所长理智地结合起来。他曾精辟地解释道："对于教员，以学诣为主。在校讲授，以无悖于第一种之主张（循思想自由原则，取兼容并包主义）为界限。其在校外之言动，悉听自由，本校从不过问，亦不能代负责任。夫人才至为难得，若求全责备，则学校殆难成立。"

正是这种博大的胸襟，才使蔡元培能够发现真正的人才，也才使当时的北京大学有了长足的发展。美国著名的人际关系学家卡耐基和许多人都是朋友，其中包括若干被认为是孤僻、不好接近的人。有人很奇怪地问卡耐基："我真搞不懂，你怎么能忍受那些老怪物呢？他们的生活与我们一点儿都不一样。"卡耐基回答道："他们的本性和我们是一样的，只是生活细节上难以一致罢了。但是，我们为什么要戴着放大镜去看这些细枝末节呢？难道一个不喜欢笑的人，他的过错就比一个受人欢迎的夸夸其谈者更大吗？只要他们是好人，我们不必如此苛求小处。"

在现实生活里，我们应该学会以一种大胸襟来对待别人的缺点和过错。学会"容人之长"，因为人各有所长，取人之长补己之短，才能相互促进，学习才能进步；学会"容人之短"，因为金无足赤，人无完人。人的短处是客观存在的，容不得别人的短处就只会成为"孤家寡人"；学会"容人之过"，因为"人非圣贤，孰能无过"。历史上凡是有所作为的伟人，都能容人之过。

朋友们，当我们拥有"以放大镜看人优点，以缩微镜看人缺点"的大胸襟时，我们便拥有了众多的朋友，拥有了无尽的帮助，也拥有了通向成功的门票。

对自己的对手"投之以木桃"

《诗经·卫风》中有云："投我以木桃，报之以琼瑶。"就是说，你对我好，我对你更好。普通的朋友之间尚且如此，倘若胸怀宽广，对自己的对手也能"投以木桃"，那你的对手也一定感激涕零，视你为恩人一般。日后定会寻找时机报答你，给予你帮助，让你获得更大的成功。

一位名叫卡尔的卖砖商人，由于同另一位对手的竞争而陷入困境之中。对方在他的经销区域内定期走访建筑师与承包商，告诉他们卡尔的公司不可靠，他的砖块不好，生意也即将面临歇业。卡尔对别人解释说他并不认为对手会严重伤害到他的生意。但是这件麻烦事使他心中生出无名之火，真想"用一块砖来敲碎那人肥胖的脑袋作为发泄"。

"有一个星期天早晨，"卡尔说，"牧师布道时的主题是要施恩给那些故意为难你的人。我把每一个字都吸收下来。就在上个星期五，我的竞争者使我失去了一份 25 万块砖的订单。但是，牧师教我们要善待对手，而且他举了很多例子来证明他的理论。当天下午，我在安排下周日程表时，发现住在弗吉尼亚州的一位我的顾客，正因为盖一间办公大楼需要一批砖，而所指定的砖的型号不是我们公司制造供应的，却与我竞争对手出售的产品很类似。同时，我也确定那位满嘴胡言的竞争者完全不知道有做成这笔生意的机会。"

这使卡尔感到为难，是遵从牧师的忠告，告诉给对手这项生意，还是按自己的意思去做，让对方永远也得不到这笔生意呢？

那么到底该怎样做呢？卡尔的内心挣扎了一段时间，牧师的忠告一直在他心中。最后，也许是因为很想证实牧师是错的，他拿起电话拨到竞争对手家里。接电话的人正是那个对手本人，当时他拿着电话，难堪得一句话也说不出来。卡尔还是礼貌地直接告诉他有关弗吉尼亚州的那笔生意。结果，那个对手很感激卡尔。

卡尔说："我得到了惊人的结果，他不但停止散布有关我的谎言，而且还把他无法处理的一些生意转给我做。"

对于昔日的对手，打击报复只能为自己埋下更多的祸根，而善待我们的对手，不但能够感化他们，还会为我们自己的事业扫除一定的障碍。

以德报怨，善待对手。英国前首相丘吉尔一生都奉行这句话，在用人方面更是如此。

丘吉尔作为保守党的一名议员，历来非常敌视工党的政策纲领，但他执政时却重用了工党领袖艾礼，自由党也有一批人士进入了内阁。更令人称道的是，他在保守党内部，对待前首相张伯伦也没有以个人恩怨去处理他们之间的关系。他不计前嫌，很好地团结了众多对手，显示了他宽阔的胸怀和高明的用人之术。

张伯伦在担任英首相期间，曾再三阻碍丘吉尔进入内阁，他们的政见不合，特别是在对外政策上，张伯伦和丘吉尔存在很大的分歧。后来张伯伦在对政府的信任投票中惨败，社会舆论赞成丘吉尔领导政府。出人意料的是，丘吉尔在组建政府的过程中，坚持让张伯伦担任下院领袖兼枢密院院长。这是因为他认识到保守党在下院占绝大多数席位，张伯伦是他们的领袖，在自己对他进行了多年的批评和严厉的谴责之后，取张伯伦而代之，会令保守党内许多人感到不愉快。为了国家的最高利益，丘吉尔决定留用张伯伦，以赢得这些人的支持。

后来的事实证明，丘吉尔的决策很英明。当张伯伦意识到自己的绥靖政策给国家带来巨大灾难时，他并没有利用自己在保守党的领袖地位来给昔日的对手丘吉尔找麻烦，而是以反法西斯的大局为重，竭尽全力做好自己分内之事，对丘吉尔起到了较好的配合作用。

由此可见，如果你能够以一颗宽容的心来公平对待你的对手，善待你的对手，与对手冰释前嫌，就能赢得对手的尊重和友谊，同时也为自己找到了强有力的靠山。

要成人之美，不成人之恶

《论语·颜渊》篇说："君子成人之美，不成人之恶，小人反是。"这体现了浓厚的"仁者爱人"和"与人为善"的宽容气度。同时也显示了儒家思想中非常鲜明的是非观：好的就去鼓励，坏的就要制止。更显示了儒家"己欲立，先立人；己欲达，先达人"的博大胸怀。

生活中，大凡是好事情、好愿望，如果你有能力帮助，就应该伸出热情的手，给予支持，使之功成名就。这种帮助可以说是"成人之美"，而"成人之美"的"君子"行为，都是得人心、受欢迎的。因为这是一种高尚的行为，是助人为乐、利人利众的表现。

黄先生是某厂的厂长，由于他善于成人之美，厂里的职工大都喊他美厂长，其意思不是指他的外表美，而是指他的行为美和心灵美。厂里的职员小胡，因工伤而断了一条腿，在家里休养了半年之久，小胡说："有一天，厂里的司机开车到我家里来，帮我收拾行李，说是要出一趟远门，我问到哪儿去？司机说到我想去的地方去！回到厂里，我的心里好一阵热乎！由司机扶进黄厂长的办公室，黄厂长立刻停下手头上的活计，坐过来一边问我的腿伤，一边让秘书给我沏茶。我问黄厂长为啥把我接到厂部？黄厂长说我为了这个厂，贡献出了一条腿，作为厂长，应该资助我完成曾经的心愿——坐飞机，看海！还说这次由厂秘书负责陪我去实现这个愿望，其实是照顾我的生活起居！的确，坐飞机和到海边去，曾经的确是我的愿望，没想到厂长还记得，而且还把属于自己的疗养名额让给了我。说真的，当我由厂秘书陪着飞在天上的那一刻，当我由厂秘书扶着站在大海边的那一刻，我的泪流了下来！这样的厂长，这样的朋友，我的心里会永远装着的……"

在人际交往中，要真正做到成人之美，就要关心他人、重视他人、帮助他人，为别人提供方便，使他人得到心理上的满足。成就别人也等于成就自己。成人之美，不仅使他人受益，同样也使自己受益。

科学家达尔文与华莱士的《进化论》创始人之"让"可谓是君子之风的充分体现。

1842 年，达尔文开始着手写他的鸿篇巨制《进化论》。由于他是一个非常严谨的人，所以直到 1858 年他还在写这部书。他的朋友赖尔和虎克提醒他要加快速度，否则会有别人捷足先登的，达尔文一笑置之。他是一个非常严肃认真的科学家，他要使自己的理论尽可能地完善、严谨。

后来事情的发展果然被朋友言中了。1858年夏天，达尔文收到一位叫华莱士的年轻人寄来的一篇论文，年轻人在论文中提出了与达尔文的进化论完全相同的观点。在附言中，华莱士请他所尊敬和信赖的科学家（达尔文）将论文推荐给赖尔，赖尔正是提醒过达尔文的朋友。尽管达尔文比华莱士提前10年研究这个问题，而且也早已写出了完全可以表达自己观点的大纲，但他还是热情地将论文推荐给了他的朋友，并且放弃了自己的大规模写作。他的朋友认为这不公平，但他不以为意。当华莱士知道事情的真相后，非常感动，甘愿让出进化论创始人的位置。

两位科学家的胸襟不能不让人折服，他们是君子。

成人之美的举动，是值得颂扬和赞美的。不过，成人之美者，要有一双明辨是非的眼睛。别人的愿望是正确且有益于人的，我们就应该帮其实现；而别人的愿望只是为了其自己狗名狗利并在此同时又损人损公时，我们就得坚决阻止并劝其放弃，继而帮其改过从善。

第六章

嘿，会遇到很多人噢

嗨，我喜欢你

英国学者培根曾说道："友谊能使快乐加倍，把悲伤减少一半。"可见友谊的重要性。友谊是人生最大的一笔财富，朋友在漫漫的人生之路上总是推动着我们前进，总是在关键的时刻助我们一臂之力，没有朋友的人在这个世上将显得非常孤立和可怜。好的朋友可以在精神上慰藉我们，让我们的身心可以得到更大的快乐，勉励我们道德上的提高；好的朋友可以在我们困难的时候主动伸出援手，不离不弃。英国伦敦的一家报社曾经悬赏征文对"朋友"一词的诠释，其中一个参赛者送去的解释是："当所有人都离我而去时，仍然在我身边的那个人。"这个解释虽然不够典雅和严格，但却一语道出了朋友的真谛。一个事业上再成功的人，倘若没有一个真心对他的朋友，那么他的人生无论如何也谈不上成功，这样的人当他回顾他的人生时，会觉得回忆是一片空白，满心荒芜。

比尔·盖茨说过："一个人永远不要靠自己一个人花100%的力量，而要靠100个人花每个人1%的力量。"许多时候，你面临的生活和工作问题，单靠个人力量很难解决。但是朋友会帮你出主意，给你提供人力、物力、财力的支持，和你一起解决问题，那么你前方的路自然也就变得宽广了。

菲格特是一位善于依靠朋友创造财富的人。有一则关于他的故事，很好地说明了朋友在财富方面的作用。菲格特经常去一座办公大厦办事。在大厦的电梯里，他常常遇见一位职业妇女。他每次遇见这位妇女时，总是礼貌地打招呼，说"你好"，或说"真巧，又遇到你"之类的客套话。终于有一天，他同这位妇女拉开了话题。经过那次交谈之后，他们就开始交往。后来，在一次晚餐时，这位妇女把一个男人介绍给了他。而这个男人正巧有个项目，急于找合伙人。经过交谈后，他们立即决定努力促成双方的初次合作。这次合作给菲格特带来了一笔意外之财。

朋友总是给你带来意想不到的收获，能够在关键的时刻助你一臂之力，不断地推动着你前进。一个人的成功应该由他所交的朋友的数量和质量来衡量，因为不管他积聚了多么庞大的财富，如果他没有朋友的话，那他的某些地方肯定是存在巨大缺陷的，这样的人缺乏所谓的纯正品质。反之，品性良好的人，从来不缺真正的朋友，而且懂得珍惜身边的朋友，因为朋友是最为珍贵的礼物。正如古罗马著名哲学家西塞罗所说的那样："人类从无所不能的上帝那里得到的最美好、最珍贵的礼物就是友谊。"

那么，我们怎样才能赢得让自己受益终生的友谊呢？

首先，要尽可能结交优于自己的人，并朝这一目标努力。结交卓越的人士，便能见贤思齐；反之，若结交程度远逊于自己的朋友，自己难免同流合污。因为，人类往往是近朱者赤、近墨者黑。当然，这里所谓的"卓越的人士"，并非是指家世显赫、地位超绝的人，而是指有内涵、有修养的人。

其次，几乎所有的年轻人，均渴望能和才华横溢的人物成为知交。总认为假使自己也小有才气，那更是如鱼得水。即使达不到此目的，也能满足自己与其共荣的心理。然而，即使是和这些才气纵横、魅力十足的人物交往，也不可不顾一切地全身心投入。不丧失判断力，才是最适当的交往方法。

第三，尽量多交一些不同性格的朋友。这样可以弥补自己的不足，完善自己的个性。例如，孤僻的人需要交些开朗的朋友；过分受到保护的需要交些自主性较强的玩伴；胆怯的需要和较勇敢或富于冒险精神的人交往；幼稚的人能从和比较成熟的玩伴们的交往中得到益处；霸道的可以由强壮而不好战的玩伴来矫正。

第四，清楚看待朋友的优缺点。有些人不能很好地看到别人的优点和长处，却总看到别人的缺点和短处。这样的人即使勉强说一些赞扬别人的话，也很可能会使别人不高兴。如果你也有这种倾向，就一定要试着改变自己的视点。因为，一个人的优点和缺点往往是相对的。比如，过于神经质而斤斤计较的人，换一种角度就可以说是比较细心的人；马马虎虎、粗心大意的人，换一种角度就可以说是不拘小节而心胸宽广的人。优点和缺点往往是相对的，若着眼点不同，缺点也可以变成优点。一开始就与自己情投意合的人交往，自然会看到对方的优点。可是，与自己认为不好应付的人交往，就容易看到对方的缺点。这都是受自己的看法和观点的影响。自己要能冷静地看别人，认识到缺点也可以是优点。总之，最重要的是要试着改变自己的视点。

最后，远离赞扬缺点的人。抱臂总揽、阿谀奉承的人不可能是真正的朋友。人往往都有虚荣心，喜欢听别人的夸奖和赞扬，有些人虚荣心作怪，为了求取这种名实不符的赞扬，他们甚至不惜与不如自己的人结交。一旦这样，不久你就会变得与他们层次相当，自然也就再也不愿结交出色的朋友了。这样的话，你就很难发现自己的缺点，更难以改正，久而久之，只能落得个恶习难改、新疾激增的恶性循环了。因此，对于一味奉承赞扬你的朋友，最好还是要提高警惕，时刻保持清醒客观的头脑，不要一被别人奉承就忘乎所以。

跟谁一起玩，真的很重要

一个名叫金巴兰的大森林里，住着一只鹿和一只乌鸦，它们相处得很和睦。有一天，一只豺来到森林里，对鹿说："你住在这座森林里，也没有一个伴儿，你如果和我做朋友，那该多好啊。"鹿听了豺的话以后，便把豺领到自己家里。乌鸦远远地看见豺走来的时候，就对豺有了戒心。它把鹿叫到一边，悄悄地对鹿说："兄弟，你不了解豺的地位、身份和脾气，就和它交朋友，可不太明智啊！"但是鹿没有听乌鸦的劝告，仍然同豺交了朋友。

　　一天，豺对鹿说："朋友，离这儿不远的地方有一大片金黄的稻田，到那里去你可以吃到你最喜欢吃的食物。"鹿听了豺的话，就每天到那片稻田里去偷吃稻子。护田人发现鹿天天来吃稻子，就布了网，准备捉住它。有一天，鹿刚刚来到田里就陷进网里了。鹿在网里想：在这危难时刻，我的朋友豺如果能来帮我的忙该多好啊！这时，豺果然到稻田里寻找鹿，当它发现鹿陷进了护田人的网里时，心想：鹿终于陷进网里了，好哇，这回护田人剥了它的皮，我就可以吃肉了。

　　鹿突然发现了豺，急忙哀求道："朋友，你能救我脱险吗？你不救我，我肯定活不了，请你想办法咬破这个网，救救我吧。俗话说：'患难知朋友，战场显英雄。'你如果救了我，我是不会忘记你的恩情的。"

　　豺说："朋友，我可怜你，我看到你落难，心里十分难过，我一定要咬破这张网。不过，今天是我的斋戒日，不能吃肉，这网是用羊肠做的，如果我一咬，便会破坏我的斋戒，等明天早晨再说吧。明天一早，我就来救你。"豺说完就走了，然后到一个隐蔽的地方藏了起来。

　　天快黑了，乌鸦还不见鹿回家，心里非常着急。它四处寻找，最后发现鹿正陷在网里。乌鸦说："朋友，你怎么会掉进网里？你的朋友豺在哪儿？"

　　鹿说："兄弟，这就是我不听你的话和豺交朋友的下场。""朋友，你赶快鼓起肚子躺在地上装死，听我大声叫的时候，你立刻爬起来逃走。"乌鸦说完，便飞到一棵树上去。鹿便鼓起肚子躺在地上装死。

护田人走近一看，以为鹿真的死了，便放下木棒，赶快去放网。在护田人收网的时候，乌鸦立刻叫起来。鹿听到乌鸦的叫声，爬起来撒腿就跑。护田人发现鹿跑了，拾起木棒向鹿扔过去，木棒没有打中鹿，正好打着了藏在树丛后面等着吃鹿肉的豺。

这则小故事给了我们一个很深刻的启示——朋友可以交，但切忌滥交。每个人在交友时都有一个选择的过程，刚开始是结识和初交，在交往过程中互相了解以后，才由初交成为熟悉的朋友。朋友可以是暂时的，也可能是永久的，而且交友也有君子之交和小人之交。君子之间的友谊平淡清纯，但真实亲密而能长久。小人的友谊浓烈甜蜜，但虚假多变，经不起时间的考验；君子之交以互相切磋学问、规劝过失为目的，友谊是建立在互相理解、思想一致的基础之上的，故虽平淡如水，但能风雨同舟，生死不渝，而小人之交则是建立在私利的基础上的，平时甜言蜜语，信誓旦旦，一旦面临利害冲突，就会交疏情绝，反目成仇。真正的朋友，未必能跟你共患难，但却绝不会在你落难时踢你一脚。所以我们在选择朋友的时候，一定要擦亮自己的双眼。

在选择朋友时，我们要努力与那些乐观肯定、富于进取心、品格高尚和有才能的人交往，这样才能保证你拥有一个良好的生存环境，获得好的精神食粮以及朋友的真诚帮助。这正是孔子所说的"无友不如己者"的意思。相反，如果你择友不慎，恰恰结交了那些思想消极、品格低下、行为恶劣的人，你会陷入这种恶劣的环境难以自拔，甚至受到"恶友"的连累。

明代苏竣将朋友分为4种："道义相砥，过失相规，畏友也；缓急可共，生死可托，密友也；甘言如饴，游戏征逐，昵友也；利则相攘，患则相倾，贼友也。"因此，交友要选择，多交益友、畏友、密友，不交损友、昵友、贼友。有些人现在可能没有多大的成就，但是他身上具备相当的潜力，将来一旦时机成熟，他一定可以成就一番事业。而且更关键的是，他是真心待你、在你有难时都不会离弃你的朋友。真正的朋友，一般在他的身上都能找到如下3个特征：

1. 正直

正直是一个人最为高尚的品行，正直的人明辨是非、仗义执言、光明磊落，毫无谄媚之色。这样的人可以在你怯懦的时候给你勇气，可以在你犹豫不前的时候给你一种果断，让你有所发展，获得成功。

2. 有能力

与强者做朋友，时间长了，你才会有一个成功者的思维，你才会用一个成功者的思维去思考。

3. 宽容

宽容是一种良好的美德，当我们不小心犯了过错或者对他人造成伤害的时候，过分的苛责和批评，都不如宽容的力量来得恒久。其实，有时候最让我们感动的是一个人在忏悔的时候没有得到他人的怨气反而得到淡淡的包容。宽容的朋友不会使我们堕落或者放纵，而是给我们内心增加一种自省的力量，让我们从他人的内心包容上找到自己的弊病和缺失。

因此，当与一个人交往的时候，要看看他是不是一个正直、宽容、有能力的人。有人说，20多岁的年纪不是用来学习怎么玩的，而是用来学习怎样与人交往的。与好的朋友交往不仅让你生活中增添了许多快乐与自信，更为以后的道路铺开了一条光明的人脉道路。纵然年轻人对交友的需求很强烈，但交友并不是说多多益善，可以广交却绝不能滥交，要有一种明辨是非的判断，在人群之中分清楚，哪些人是值得交的，哪些人是不值得交的。

曾经批评过你的人，更值得去结识

一个人结交的朋友不可能是同一类型的，有温和稳重的、豪爽豁达的、机智潇洒的，也不排除有轻浮虚伪的、刻薄势利的。有的人总是每天说好话给你听，有的则是看到你不对就批评、指责你。结交朋友是一件非常重要的事情，交到益友，终生得益；交到损友，终生受损。每个人每天都会遇到各种各样的人，他们的品行、行为方式、观念也都不尽相同，但是不论如何，有一种类型的朋友肯定是值得交往的，那就是会批评、指责你的朋友。

孔子在《论语·季氏篇》中曾经把"益友"与"损友"进行了清楚的划分，"益者三友，损者三友。友直、友谅、友多闻，益矣。友便辟、友善柔、友便佞，损矣。"佛经里也说过：朋友有四品——花、秤、山、地。有些朋友待你如花，当你盛开的时候就溜须拍马、刻意谄媚逢迎，当你凋零的时候就与你背道而驰、分崩离析；有些朋友如秤，如果你比他重，他就卑躬屈膝，如果你比他轻，他就趾高气扬；有些朋友如山，心胸广阔，海纳百川；还有些朋友如地，厚德载物而毫无怨言。真正的朋友，能在你高兴的时候真心分享你的快乐，在你难过的时候感同身受，在你困苦的时候及时伸出援手，当你犯了错误的时候敢于毫不留情地指出。

人往往喜欢和喜欢自己、赞美自己的人结交，而一旦被朋友指出自己的问题缺点，就有种"有损面子"的羞愧感，甚至有的人还会立即和朋友翻脸。但当冷静下来的时候，却往往才发现，朋友所说的话确实有一定的道理。正所谓当局者迷，旁观者清，能够在你身边扶持你、发现你的问题并及时指点迷津的人，才是真正的朋友。即使有的时候言语犀利，但心往往还是向善的，还是为你着想、为你好的。在面对朋友的批评指正时，我们要有这种清醒的判断力。

佩利在哈佛上学时，同伴们既喜欢他，又讨厌他。佩利天赋极高，但整天无所事事，花钱大手大脚，像个浪荡公子。一天早上，他的一位朋友来到他床前说："佩利，我一宿没睡，一直在想你的问题。你真是个大傻瓜！你家里那么穷，怎么承受得起你这么胡闹？我要告诉你，你很聪明，是可以有所作为的！我为你的愚蠢痛心，我要严肃警告你，如果你再执迷不悟、胡闹偷懒下去，我就跟你断绝来往！"佩利大为震动，从那一刻起，他变了。他为自己的生活制订了全新的计划，勤奋努力、坚持不懈地学习。年终，他成了甲等生。后来，他成为作家、神学家。

如果没有朋友当初的话，佩利的人生可能终将在浑浑噩噩中度过。每个人都喜欢听好听的话，但正所谓忠言逆耳，有些实话往往真的不是那么好听的。作为一个男人，要有坦然接受批评甚至是"挖苦"言辞的胸襟，要有冷静清醒的头脑，分析这些话是不是真的有一定的道理。

要知道，朋友总是细心地关注着我们的每一个兴趣爱好，无时无刻不在为我们服务，他们会抓住每一个机会赞扬我们的优点，无私地支持我们。在我们不在的场合，他们会毫不犹豫地代表和维护我们的利益，他们会帮助我们克服自身的缺陷与不足，在听到有可能伤害我们的流言蜚语或无耻谎言时，他们会果断地予以制止和反驳。他们还会努力地扭转他人对我们的消极印象，给我们公正的评价，并想方设法地消除由于某些误解，或者是由于我们在某些场合恶劣的第一印象而导致的偏见。朋友是深刻了解自己的人，是"有一说一、毫不见外"的人，是真正为你着想的人，如果朋友之间说话还须婉转迂回的话，那就不是真正的朋友。

　　和只会说好话的朋友比起来，那些只知道批评、指责你的朋友无疑是会令你讨厌的，因为他说的都是你不喜欢听的话，你自认为得意的事向他说，他偏偏泼你冷水，你满腹的理想、计划对他说，他却毫不留情地指出其中的问题，有时甚至不分青红皂白地就把你做人做事的缺点数落一顿……反正，从他嘴里听不到一句好话，这种人要不让人讨厌也的确很难，但如果你就此放弃的话，那么就是你的损失。因为这些能直言不讳地泼你冷水、批评指正你的人，往往是真正为你着想的正直的人。

　　在这个社会上行事，久而久之，人都会变得小心谨慎，尽量不得罪人，因此大多数人都是宁可说好听的话让人高兴，也不说难听的话让人讨厌。说好话的人不一定都是阴险狡诈别有用心的小人，但他一定是对你有所保留的人。因为人无完人，每个人身上都有缺点和不完美之处，而这些说尽好话的人很明显是对你身上的瑕疵视而不见的，这显然不利于你发现自己的缺点并及时修正的。身为朋友，就有责任指出对方身上的问题，倘若终日只拣好听的话说，那么就失去了做朋友的义务。如果还进一步"赞扬"你的缺点的话，那么则更是别有居心了。这种朋友就算不害你，对你也没有任何好处，所以大可不必浪费时间和这样的人交往。

　　相对来说，那些总是说些难听的实话的人就要真实得多，这种人绝对无求于你，出发点也绝对是为了你好。如果你还是对此表示怀疑的话，可以想想自己的父母，是不是当看见你出现问题的时候，就会立即声色俱厉毫不留情地指出呢？为人父母，总是爱之深、责之切，其实真正的朋友也是如此，因为真的关心你、爱护你、希望你好，所以才眼里揉不得一粒沙子，容不得你的缺点，才会直截了当地把它们指出来。因此，年轻人要牢记，只有那些经常批评、指责你的人才是你人生的导师，才是助你走向成功之路的关键之士。

你想成为什么样的人，就跟随什么样的人

选择一个良好的环境，能够改变我们的思维与行为习惯，直接影响我们的工作与生活。同理，朋友也可以影响我们，如果我们经常与优秀的人交往，自己也会向好的方向发展，反之亦然。

生活中，我们都会在不经意间接受来自环境的一些潜移默化的影响，从而不知不觉地改变自己的品行。正如西晋思想家傅玄所说："近朱者赤，近墨者黑。"

欧阳修是北宋时期著名的文学家、史学家和政治家。他在文学上取得了卓越的成就，创作了大量优秀的散文和诗词。尤其是他的散文，简洁流畅，丰富生动，富于感染力。他还为当时的文

坛培养了一批人才，像苏洵、苏轼、苏辙、曾巩、王安石（他们都是唐宋散文八大家之一）等，都出自他门下。

欧阳修在颍州府（今安徽省阜阳市）当长官的时候，有位名叫吕公著的年轻人在他手下当差。有一次，欧阳修的朋友范仲淹路过颍州，顺便拜访欧阳修。欧阳修热情招待，并请吕公著作陪叙话。谈话间，范仲淹对吕公著说："近朱者赤，近墨者黑。你在欧阳修身边做事，真是太好了，应当多向他请教作文写诗的技巧。"吕公著点头称是。后来，在欧阳修的言传身教下，吕公著的写作能力提高得很快。

《论语·里仁》云："见贤思齐焉。"如果一个人周围都是一些道德高尚的人，那么这个人也会通过努力去赶超他们，正如上述的例子。同样，如果一个人总是与一些道德素质低的人交往，久而久之，他的品性也很容易变得恶劣。

年轻的寿险推销员杰克来自蓝领家庭，他平时也没什么朋友。华特先生是一位很优秀的保险顾问，而且拥有许多赚钱的商业渠道。他生长在富裕家庭中，他的同学和朋友都是学有所长的社会精英。杰克与华特的世界根本就是天上地下，所以在保险业绩上也有着天壤之别。杰克没有人际网络，也不知道该如何建立网络，不知道如何与来自不同背景的人打交道，而且少有人缘。一个偶然的机会，杰克参加了开拓人际关系的课程训练，杰克受课程启发，开始有意识地和在保险领域颇有建树的华特联系，并且和华特建立了良好的私人关系。他通过华特认识了越来越多的人，事业上的新局面自然也就打开了。

杰克的成功得益于他的朋友华特和其人际关系。所以，和什么样的人在一起，自己的未来或许就是什么样子。与强者交朋友，自己往往会变得更强；和一无是处的人做朋友，自己则可能会变得更加颓废，更加一无是处。

因此，你想做什么样的人，就要向什么样的人靠拢。你想成为一个成功者，就要努力和成功者在一起。与成功者为伍，有助于在我们身边形成一个"成功"的氛围。在这个氛围中，我们可以向身边的成功人士学习正确的思维方法，感受他们的热情，了解并掌握他们处理问题的方法。

有时决定一个人身份和地位的并不完全是他的才能和价值，而是他与什么样的人在一起。所以，如果你想取得成功，就必须和成功人士站在一起，为自己平步青云铺路。

我不和"低配"的人做朋友

在选择朋友时，年轻人必须确立这样一条基本原则，那就是尽可能地选择那些比你优秀、在各方面领先你一步的人做朋友。

当然，我们要努力和那些自己所仰慕和推崇的人交往，并不意味着要结交那些更加富有的人，而是要结交那些有着较高的文化素养、受过良好的教育，并且有着更广泛的信息来源的人。

只有和这样的人交往，你才能尽可能多地吸取有助于你成长和发展的养料。而且在与他们接触的过程中，你也会逐渐提升自己的理想，追求更远大的目标，并付出更大的努力，以便有朝一日自己也能够成为一个优秀的人。

美国有一位名叫阿瑟·华卡的农家少年，在杂志上读了某些大实业家的故事后，很想知道得更详细些，并希望得到他们对后来者的忠告。

有一天，他跑到纽约，也不管几点开始办公，早上7点就到了实业家亚斯达的事务所。

在第二间房子里，华卡立刻认出了面前那位体格结实、长着一对浓眉的人，正是他要找的人。高个子的亚斯达开始觉得这少年有点讨厌，然而一听少年问他："我很想知道，怎样才能赚得百万美元？"他便表情柔和并微笑起来，他们竟谈了一个钟头。随后亚斯达还告诉他该去访问的其他实业界的名人。

华卡照着亚斯达的指示，访遍了一流的商人、总编辑及银行家。

在赚钱这方面，他所得到的忠告并不见得对他有多大的帮助，但是能得到成功者的知遇，给了他自信。他开始仿效他们成功的做法。

两年之后，华卡成为他曾是学徒的那家工厂的所有者。24岁时，他成了一家农业机械厂的总经理。不到5年，他就如愿以偿地拥有了百万美元的财富。

华卡活跃于实业界的 67 年中，实践着他年轻时来纽约学到的基本信条，即多与有益的人结交，多会见成功立业的前辈。而他的成功也正是因为他主动结交优秀的人，从他们那里得到了不少信心以及各种资源。

要与伟大的朋友缔结友情，跟第一次就想赚 100 万美元一样，是相当困难的事。原因并不在于伟人们的超群拔萃，而在于你自己容易忐忑不安。

不少人总是乐于与比自己差的人交际，这有一些自我安慰的作用，因为这样会使自己在与友人交际时产生优越感。

我们可以从劣于我们的朋友中得到慰藉，但也必须从优秀的朋友那里得到刺激，以增加勇气和动力。

总之，综观那些事业成功的人，大多数有赖于比自己优秀的朋友，不断地促使自己力争上游。如果你也想获得成功，一定要主动去结交那些比你优秀的人。

第七章

不想对这个世界投降，
就要强大到锐不可当

敏于心，钝于外

"钝感力"是日本著名作家渡边淳一《钝感力》中的首创词。按照渡边淳一的解释，"钝感力"可直译为"迟钝的力量"，即从容面对生活中的挫折和伤痛，执着地朝着自己的方向前进，它是获取美好生活的重要手段和智慧。钝感不代表迟钝，它强调的是对周遭事务不过度敏感，沉住气，不骄不躁，集中力量，专注目标的生存智慧。

钝感力是立身处世不可或缺的品质。通过许多企业的研究发现，企业中最优秀的员工往往不是最聪明的，也不一定是最能干的，但他们都有一个共同点：他们能够以最合适的状态及心境应对一切变化。很多时候，他们是同事眼中冥顽不化的愚笨者，是别人眼中反应迟钝的平庸者，但经过许多次的考验之后，这些"迟钝者"却往往以其坚忍不拔的精神最终获得管理者的赏识，成功实现晋升的梦想。

某集团是所在行业的知名企业，在声名远播的同时，集团面临的内外压力也是与日俱增：一方面竞争对手步步紧逼，不断抢占市场份额；另一方面，集团内部营销体系及相应的制度都有些混乱，区域市场的管理出现许多漏洞。

张智与刘明都是集团刚引入的两名高级营销人才，出任公司的营销部经理，分管不同的市场，共同向总经理及董事会汇报。

　　从工作背景来看，两个人不分伯仲：毕业于名牌大学，都曾任职于著名外企，具有较强的实力和丰富的经验，并且干劲十足。

　　在正式接管之后，两个人做的第一件事就是对自己所负责的区域进行大刀阔斧的改革，并引入外资公司一套成熟的制度进行实践。虽然职业背景非常相似，但张智与刘明两人的工作风格却大相径庭。

　　张智做事雷厉风行，并且说话直言不讳。他的洞察力与市场判断力让许多下属颇为佩服。而刘明却很像职场版的"许三多"，憨笑随和，性格不温不火，做事从不急进。许多人都认为张智将会比刘明更能做出成绩。

　　由于张智与刘明对区域市场进行了改革，触及了公司中诸多人的利益。在他们上任几个月后，一些员工产生抵触情绪，所以各种各样的非议纷至沓来，更不断有人写匿名信编造各种借口举报他们，张智与刘明都面临着巨大压力。

　　张智的性格急躁，对于这些无中生有的指责表现激烈，同时对于公司管理层的询问又表现出极大的反感，认为领导层应该给自己充分的信任与支持，而不能以这些莫须有的指责扰乱自己的情绪。为了实现既定目标，张智不断向区域经理下达死命令，不断地进行开会督促。一旦某一项任务没有完成，张智会怒发冲冠，并施以重罚，警告团队必须如期完成。张智的情绪化表现非常明显。他心情好时可以与团队打成一片，但当他情绪低落时，他整天阴沉不语，经常为一点小事发怒训人，让下属根本不敢与他沟通。

刘明表现得平静很多，虽然也肩负重担，但他有条不紊。无论是任务布置还是工作推进，无论是取得成绩还是遇到障碍，他都能够心平气和地与团队共同研讨对策。

而对于各种各样的非议与批评，刘明充耳不闻，依然我行我素。他似乎并不太在意别人的闲言碎语，只是一心走自己的路。

更令下属感激的是，由于某区域经理的失误，导致业绩下滑，整个团队受到董事会严厉批评之时，刘明却一个人扛住压力，耐心向董事会解释其中原因，并阐述接下来的应对措施以及未来的发展前景，从而取得了谅解。

一年半过去了，张智与刘明都以各自的方式顺利完成了向董事会承诺的目标。公司管理层决定提拔两个人中的一个出任营销总经理，在经过多方面的考察，多数员工支持刘明晋升为营销总经理，原因很简单，虽然张智的能干让人佩服，但刘明的"钝"让人更有持久的信心。而总经理的评价则是：张智是个将才，但刘明是帅才。

"敏于心，钝于外"，这就是我们所期望的稳健型领导者，这就是大智若愚的智者。故事中刘明的"钝"就是大智若愚的体现，相比张智的能干，刘明更符合领导稳健的特质。如果说敏感力是一种外在的洞察力，那么钝感力则是一种内在的坚持力。相对于洞察力，坚持力是一种更持久的耐力与爆发力。

现代社会的竞争越来越激烈，在这场没有硝烟的战争中，人与人之间的"斗争"在所难免，优胜劣汰成为常态。保持一定的敏感度是必要的，但更为重要的是沉得住气，排除一切干扰，为成功而坚持不懈地努力。正是这种貌似"迟钝"的顽强意志使我们突破重重障碍，步步向前——而这就是钝感的力量所在！

在职场之中，如若我们能多一些"钝感"，少一些"敏感"，为梦想穿上"钝感"的战衣，将使我们减少许多的杂念、忧愁、纷争，以便我们更好地将精力投入到工作中，创造出更优秀的业绩。

不是做什么有前途，是怎么做才有前途

很多人可能曾经有这样的经历，因为辛劳工作却得不到相应的酬劳，因为努力做出的成绩没有得到老板的重视而牢骚满腹。我们会有这样的抱怨，是因为我们没有搞清楚自己在为谁工作。

正如一位哲人所说："工作中收获最大的就是自己。"对于搞不清为谁而工作的人来说，为公司干活，只是得到一份报酬的等

价交换，仅此而已。他们看不到工资以外的东西，曾经在校园中编织的美丽梦想也逐渐破灭了。没有了信心，没有了热情，工作时缺少了激情，每天只是忙忙碌碌机械地工作。

不可否认，在一个单位或组织中，会存在着这样或那样不尽如人意的地方，付给员工的薪水或其他奖励也有不公允之处，这是难免的。但薪水并非是工作的全部酬劳，你也并非只是为了薪水和老板而工作。如果一个人努力干一件事情是为了获得回报，或某种私利，这充其量只能算是"伪装"，那他的勤劳也就变得十分廉价，得不到自己所期望的成绩。

有的人一提到敬业就立刻"条件反射"到企业为他提供的福利待遇，他们以"拿一分钱报酬干一分钱工作"的理论为自己工作的平庸和失误进行开脱；有的人经常有意夸大自己的劳动和价值，一旦工作有了一点点成绩便开始向领导邀功，甚至居功自傲。在这些人眼里，工作是为他人而做，努力的价值也已经变了味。

在一处建筑工地上，工人们正在勤劳地工作着。

一个路人经过此地，好奇地问第一位工人："请问您在做什么？"

工人没好气地回答："在做什么，你没看到吗？我正在用这个重得要命的铁锤，来敲碎这些该死的石头。而这些石头又特别硬，害得我的手酸麻不已，这真不是人干的活儿。"

他又问第二位工人："请问您在做什么？"

第二位工人无奈地答道："为了每月 500 美元的工资，我才会做这件工作。若不是为了一家人的温饱，谁愿意干这份敲石头的粗活儿？"

　　路人问第三位工人："请问您在做什么？"

　　第三位工人眼中闪烁着喜悦的光芒："我正参与兴建这座雄伟华丽的大教堂。落成之后，这里会有许多人来做礼拜。虽然敲石头的工作并不轻松，但当我想到将来会有无数的人来到这儿，在这里接受上帝的爱，心中就会激动不已，也就不感到劳累了。"

　　同样辛勤的工作，却有如此截然不同的态度。

　　第一种工人，他对自己的工作没有任何的热情，甚至没有找到一个将其做好的理由，在不久的将来，他可能不会得到任何工作的眷顾，甚至可能是生活的弃儿。这样的人做不成任何事情。

　　第二种工人，没有责任感和荣誉感。他们抱着为薪水而工作的态度，为了工作而工作。他们不是可信赖、可委以重任的员工，必定得不到升迁和加薪的机会。而且由于他们的生活需求没有得到最大限度的满足，或多或少的，他们失去了部分的生活乐趣。

　　第三种工人，充分享受着工作的乐趣和荣誉，同时，因为他们的努力，工作也带给了他们足够的尊严和实现自我的满足感。他们真正体味到了工作的乐趣、生命的乐趣，他们才是最优秀的员工，才是社会最需要的人。

这三种工人，其实代表了我们工作的三种态度。我们究竟为谁而工作？第一种是茫然无目的的；第二种是找错工作方向的；第三种则是真正认识到工作的意义，得到工作乐趣的。三种不同的工作态度，决定了勤奋所能达到的深义。

但是世界上大多数人都低着头为了薪水和老板匆匆忙忙工作，在琐碎的事情中消磨了生命，在许多人看来，工作只是一种简单的雇佣关系，做多做少、做好做坏对自己意义并不大。这种想法是完全错误的。他们没有认识到工作其实是为了自己。洛克菲勒说过："我们努力工作的最高报酬，不在于我们所获得的，而在于我们会因此成为什么。"也就是说，努力工作表面上看起来是有益于公司、有益于老板的，但最终的受益者却是自己。

如果你能为自己而工作，你就超越了芸芸众生，迈出了成功的第一步。工作所给予你的，要比你为它付出得更多。公司支付给你的工作报酬固然是金钱，但你在工作中给予自己的报酬则是珍贵的经验、良好的训练、才能的表现和品格的历练。这些东西与金钱相比，其价值要高出千万倍。

工作是你提升自己、成就自己的舞台，你的表演越出色，鲜花和掌声就越多。无论你在生活中处于什么样的位置，无论你从事什么样的职业，你都不该把自己当成一个为别人而工作的人。生活中那些成功的人从不这样想，他们往往把整个企业当作自己的。

那些成功者把工作看成一个实现抱负的平台，他们已经把自己的工作和公司的发展融为一体了。从某种意义上说，他们和老板的关系更像是同一个战壕里的战友，而不仅仅是一种上下级的关系。对于那些成功者来说，无论他们从事什么样的工作，他们都是在为自己而勤劳奋斗。在他们的眼中，他们是公司的主人。

人生分为两个阶段，前一阶段就是用金钱买智慧，后一阶段是用智慧换取金钱。工欲善其事，必先利其器。我们每一个人都要为自己而工作，利用一切工作机会来完善自己，提高自己。如果一个人对自己所负责的任何工作，事无巨细，都能够尽力而为，都能做到问心无愧，并时刻想着怎样更多而不是更少地回报自己的老板，那么就不会永远在原地打转，而是不断提升自己。如果你做的是价值25元的工作，却只得到5元的报酬，那又有什么关系呢？这是你的潜在价值的最佳广告。而劣质的工作态度、半生不熟的工作成果，即使再勤奋的工作，也会迅速地毁掉你。真正能够让你获得成功的方法，不是让自己被动地为他人和薪水而工作，而是把自己当作工作的主人，为自己而工作。

先让付出超过回报，回报自然超过付出

著名成功学家拿破仑·希尔有一句话："提供超出你所得酬劳

的服务，很快，酬劳就将反超你所提供的服务。"好好奋斗，当你愿意从事超过你的报酬的工作时，你的行动将会促使你获得良好的声誉，将增加人们对你的信任和青睐。

在微软公司，有这样一种现象：一个软件工程师的薪水居然比副总裁还高，这是其他公司没有的。

一个在微软做了12年的非常优秀的软件工程师鲍勃，他的工资比微软当时许多副总裁的工资高。因为鲍勃能力突出，公司本来想让他当领导，但是鲍勃拒绝了。别人问他原因，他说："第一，我对管理没有兴趣，我管不好人；第二，我就想把我的所有时间都花在技术上。"按照我们的传统观念，一个人不做管理，就只能算一个兵，不是将。兵的薪水肯定比不上将的薪水，但是，微软公司的价值观是"看贡献，不看职位""看价值，不看职位"。因此，微软每年都会在它的5万名员工中评出30至40个杰出贡献者。

鲍勃曾经说过："我是一个职业经理人，我的价值不就是多为公司创造一些价值吗？"他之所以能从一个普通的打工者，成为年薪上亿的成功者，是因为他始终抱着这样的信念："只能在业绩中提升自己。要使自己工作所产生的价值远远超过所得的薪水，只有这样才能得到重用，才能获得机遇！"

看到这个事例，我们得出一个结论：无论是生产车间里的普通工人，还是活跃在市场第一线的销售人员，或者是一名总经理，他们都是凭借自己的价值来获得报酬的。能为公司创造更多价值的人，得到的报酬才会更多。

中国有句古话叫"无功不受禄"，为企业创造价值你才能有资格接受公司给予你的回报，倘若你碌碌无为或者业绩甚微，你又凭什么苛求企业给你高薪呢？

企业的正常运转是建立在每一名员工都能担负应有的责任，创造相应价值的基础之上的，作为一个高素质、有觉悟的员工，应该沉住气，用切实的业绩积累自己生存发展的资本。这样，你创造的价值多了，老板自然会相应付给你更多的报酬。

一家小公司招聘业务人员，在前来求职的人中有一位资历很高，对于这个公司来说，有点"小庙容不了大和尚"，因此公司老总与他面谈时，很诚实地对他说："依据公司规定，目前给不出太高的薪水。"老总的意思是不想浪费彼此的时间，没想到他竟然接受了公司给出的条件，其实这个公司给的工资只有他原来薪水的三分之一，这让公司感到很奇怪。

上班后，他从来都是准时上班，勤跑客户。不久后，他的"功力"便显现出来，业绩远远超出老总原本的预期，为公司创造了很多利润。

于是老总对他破格晋升，而且大幅度地加薪。在庆功宴上，他道出了原委。原来，之前他在原单位已做到主管，工作很顺手，薪水也很丰厚，可是没想到公司的一次海外投资失败，老板远逃国外，他只得另找门路。

在找工作期间，他碰了好几次壁，也曾经因为薪水无法与自己所要求的相符而痛苦，总认为自己怀才不遇，老板不识才。但突然有一天，他想到一句话："**价格是别人给的，随时可以拿走；价值却是自己创造的，任谁也无法带走。**"在这句话的激励下，他选择了重新出发。

"价格由老板决定，价值由自己创造"这句话让人受益匪浅，他也用实际行动证明了自己的价值。

其实，一个人的价值是靠自己创造的。一个人能否创造出价值，创造多少价值，其实老板心中是有数的。老板根本不怕你拿高薪，关键是你能否把自己的工作做得富有成效，为公司创造更大的价值。

加薪是职场中所有上班族的希望，老板们想提高利润，你也想增加薪水，可一切都从何处而来？天上是不会掉馅饼的，薪水的增加要靠工作来实现，因此，与其整天抱怨，立足行动，先让付出超过回报，再求回报超过付出，这样生活还能少些失意、多些快乐和踏实，这又何乐而不为呢？

那些在职场中笑傲江湖的人究竟有什么不一样

对于公司来说老板要培养一名干部，肯定要让他先到基层去了解底下的情况，再到各个部门去熟悉公司所有工作流程，顺便考察一下他对公司的忠诚度，最后才决定予以重任。有些人不明白这一点，以为自己得罪了人，或是老板有意给自己穿小鞋，吃不了苦，受不了"折腾"，不专心工作，甚至直接卷铺盖走人了，令人不禁为之扼腕长叹！许多企业的老板都羡慕联想的柳传志，说他有两个好的接班人：杨元庆和郭为。可谁又能想到，柳传志为了培养这两名接班人，把他们"折腾"成了什么样子。

在联想，杨元庆和郭为可谓被老板"折腾"的典型代表。据说，他俩是一年一个新岗位，"折腾"了十几年，换了无数个岗位，把公司的每个部门、每个流程都熟悉透了，这才成了联想的"全才"。可喜的是，他们都经受住了考验，出色地完成了任务，同时交了一份关于忠诚的满分卷子！柳传志也因此有了一个心得："'折腾'是检验人才的唯一标准！"

"折腾"员工其实是对员工的一种培训，能够被老板"折腾"又何尝不是员工的一种幸运呢？老板愿意"折腾"你，有"折腾"你的计划，说明你已经被老板看中了，可能成为重点培养的对象。你不但不应记恨，反而应该利用这绝好的机会，在新的岗位上尽快进入工作状态，熟悉工作内容和流程，随时做好接受"折腾"的准备，经受住老板对你的考核。

压力降临到我们身上是因为我们要接受考验，因为我们具有发展的潜力，因为所有成长的机会都蕴藏在压力之中。挑战与机遇总是并存的，压力与希望总会相伴而行，只要我们还有机会，还有希望，挑战和压力就会来临。压力不会降临到万念俱灰、不思进取的人身上，因为他们不会感到压力的存在；压力也不会为难了无生机、走向穷途末路的公司，因为对它们施压已经没有任何意义了。我们不能逃避压力，因为我们不能放弃自己，不能放弃每一个发展自我的机会，我们需要从压力中获得前进的动力。上级领导因为看重员工的潜力才对之不断施加压力，希望他能够在压力下快速成长。而员工也应当明白上司的苦心，化压力为动力，把危机感当成个人成长的信号。

查理到某大公司应聘部门经理，老板提出要有一个考察期。但没想到，他上班后被安排到基层商店去站柜台，做销售代表的工作。一开始，查理无法接受，但还是耐着性子坚持了三个月。后来，他认识到，自己对这个行业不熟悉，对这个公司也不十分了解。的确需要从基层工作做起，才可能全面了解公司、熟悉业务，何况自己拿的还是部门经理的工资呢。

虽然实际情况与自己最初的预期有很大的差距，但是查理懂得这是老板对自己的考验。他坚持下来了，三个月后，他全面承担起部门经理的职责，并且充分利用三个月基层的工作经验，带领团队取得了良好的业绩。半年后，公司经理调走了，他得以提升；一年以后，公司总裁另有任命，他被提升为总裁。在谈起往事时，他颇有感慨地说："当时忍辱负重地工作，心中有很多怨言。但是我知道老板是在考验我的忠诚度，于是坚持了下来，最终赢得了老板的信任。"

在企业中，当你发现一些人宛如"黑马"杀出，从一个很平凡的岗位突然提升到很重要的岗位。这时，你千万不要感到震惊。你不妨静下心来想一想：他在那个看似平凡的岗位上做了些什么？老板是不是经常把他放到基层去"折腾"？如果是的话，那么这种突然的提升便不是什么奇怪的事了。关键是你不要老盯着别人看，而要多想想你跟他的差距在哪里？你是否也面临过类似的机遇呢？如果下一次你也有机会被"折腾"，你又该怎么做呢？甚至可以这么说，你现在所做的工作是否也是一种"折腾"呢？只有把每一次工作机会都当成一次考验的机会，投入十分的热情，拥有绝对的忠诚，你才可能把每一份工作做好，从而得到别人的赏识。俗话说得好："机会只青睐有准备的人。"对于随时为这个"折腾"做好准备的人来说，老板又何尝不想给他一个机会呢？

先有危机感，才有存在感

我们经常会感受到工作的压力，我们该如何应对呢？美国鲍尔教授说："人们在感受工作中的压力时，与其试图通过放松的技巧来应付压力，不如激励自己去面对压力。"压力对于每一个人都有一种很特别的感觉。的确，人人都会本能地想摆脱压力，但往往都不能如愿！

一个人的惰性与生存所形成的矛盾会是压力，一个人的欲望与来自社会各方面的冲突会是压力。说通俗一些，就是人生的各个阶段都有压力：读书有压力，上班有压力，做老百姓有压力，做领导干部也有压力。总之，压力无处不在！

　　压力是好事还是坏事？科学家认为：人是需要激情、紧张和压力的。如果没有既甜蜜又有痛苦的冒险滋味的"滋养"，人的机体就无法存在。

　　对这些情感的体验有时就像药物和毒品一样让人上瘾，适度的压力可以激发人的免疫力，从而延长人的寿命。试验表明，如果将人关进隔离室内，即使让他感觉非常舒服，但没有任何情感体验，他很快会发疯。压力带给你的感觉不仅仅是痛苦和沉重，它也能激发你的斗志和内在的激情，使你兴奋，使你的潜能得到开发。

　　体育比赛的压力是大家都有目共睹的，正是因为压力大，才有了世界纪录的频频被打破。企业工作业绩的压力也是很大的，然而正是激励的竞争机制才有了飞速发展的企业和层出不穷的人才。

　　压力不仅能激发斗志，还能创造奇迹。据说有一条非常危险的山路，是人们外出的必经之路，多少年来，从未出过任何事故。原因是每一个经过的人都必须挑着担子才能通行。可是奇怪的是，人们空着手走尚且很危险的一条狭窄的小路，一边是陡峻的山崖，一边是无底的深渊，而挑着担子反能顺利通过。那是因为挑着担的心不敢有丝毫松懈，全部精力和心思都集中在此，所以，多少年来，这里都是安全的，这正是压力的效应。相反，没有压力的生活会使人生活得没有滋味。

试想，如果不管你是多么努力，所有的学生都是一样的考分，所有的员工都是一样的工资，那还会有谁愿意继续努力？人人就只会混日子过，变得越来越懒散，激情也将消失殆尽。更严重的可能使社会也停滞不前。

但压力又不能太大，大得难以承受，人就会被压垮的。

有一个刚毕业的研究生找工作屡屡受挫，始终找不到自己满意的工作。最后一次因面试感觉不好，回到家越想越绝望，结果跳楼自杀了。当录取电话打过来时，他已离去很多日子，原因是，他是村里唯一一个硕士，家里人一直对他抱有很大的期望，找不到满意的工作就是对不住父母的养育之恩，所以他无法承受这样的压力，于是选择了永不面对。

压力不能没有，压力又不能过大，而压力又无法摆脱。是的，生活就是这样，充满着矛盾，我们只能去选择适应生活和改变自己。当你没有了激情，懒懒散散，那就给自己加压，定下一个目标，限期完成；当你感到压力使你心身疲惫，都快成机器了，你不妨化压力为奋斗的激情。

一个对自己充满激情的人，无论他目前的境况如何，从事什么工作，他都会认为自己所从事的工作是世界上最神圣、最崇高的职业；无论工作是多么的困难，或是质量要求多么高，他都会始终一丝不苟、不急不躁地去完成它。

　　我们每个人都逃脱不了生活的罗网，不管扮演什么样的社会角色，你都要努力认真地去生活和工作。所以，我们的生命需要热情的感染。

第八章

成熟不是心变老，
是泪在打转还能微笑

不在意，才能不生气

在我们生活中，应该多一分谅解，少一分误会。人无完人，孰能无过？任何人都不是完美无缺的。世界上不存在绝对完美的人，我们不论与谁交往，都不可能要求对方事事都能做到让我们满意的。这也常常会让我们困惑、迷茫，如此复杂、纠结的人际关系，该如何处理呢？气量小的人，往往不能容忍比自己优秀的人，也容忍不了和自己意见存在分歧的人。时间长了，交往的圈子就变得非常狭小，自己的人生境界自然就难以提升。其实细细品味人生，则会明白看似为难的事情也很容易就解决，即使面对恶意中伤或嘲讽，也应该宽以待人，生气不如消气。

曾任美国总统的福特在大学里是一名橄榄球运动员，体质非常好，所以他在 62 岁入主白宫时，他的体质仍然非常挺拔结实。当了总统以后，他仍继续滑雪、打高尔夫球和网球，而且擅长这几项运动。

在 1975 年 5 月，他到奥地利访问，当飞机抵达萨尔茨堡，他走下舷梯时，他的皮鞋碰到一个隆起的地方，脚一滑就跌倒在跑道上。他跳了起来，没有受伤，但使他惊奇的是，记者们竟把他这次跌倒当成一项大新闻，大肆渲染起来。在同一天里，他又在丽希丹宫的被雨淋滑了的长梯上滑倒了两次，险些跌下来。随即一个奇妙的传说散播开了：福特总统笨手笨脚，行动不灵敏。自萨尔茨堡以后，福特每次跌跤或者撞伤头部或者跌倒雪地上，记者们总是添油加醋地把消息向全世界报道。后来，竟然反过来，他不跌跤也变成新闻了。哥伦比亚广播公司曾这样报道说："我一直在等待着总统撞伤头部，或者扭伤胫骨，或者受点轻伤之类的来吸引读者。"记者们如此的渲染似乎想给人形成一种印象：福特总统是个行动笨拙的人。电视节目主持人还在电视中和福特总统开玩笑，喜剧演员切维·蔡斯甚至在"星期六现场直播"节目里模仿总统滑倒和跌跤的动作。

福特的新闻秘书朗·聂森对此提出抗议，他对记者们说："总统是健康而且优雅的，他可以说是我们能记得起的总统中身体最为健壮的一位。"

"我是一个活动家，"福特抗议道，"活动家比任何人都容易跌跤。"

他对别人的玩笑总是一笑了之。1976 年 3 月，他还在华盛顿广播电视记者协会年会上和切维·蔡斯同台表演过。节目开始，蔡斯先出场。当乐队奏起"向总统致敬"的乐曲时，他"绊"了一脚，跌倒在歌舞厅的地板上，从一端滑到另一端，头部撞到讲台上。此时，每个到场的人都捧腹大笑，福特也跟着笑了。

当轮到福特出场时，蔡斯站了起来，佯装被餐桌布缠住了，弄得碟子和银餐具纷纷落地。蔡斯装出要把演讲稿放在乐队指挥台上，可一不留心，稿纸掉了，撒得满地都是。众人哄堂大笑，福特却满不在乎地说道："蔡斯先生，你是个非常、非常滑稽的演员。"

面对嘲讽，最忌讳的做法是勃然大怒，大骂一通，其结果只会让嘲笑之声越来越大。要让嘲笑自然平息，最好的办法是一笑了之。一个满怀目标的人，不会去考虑别人的想法，而是有风度地接受一切非难与嘲笑。伟大的心灵多是海底之下的暗流，唯有小丑式的人物，才会像一只烦人的青蛙一样，整天聒噪不休！

人生的道路漫长而坎坷，充满了艰辛的同时，也会孕育着希望。不要为生活中的小事生气，不要总是去抱怨自己生不逢时，没有结交到优秀的人。而是要对人多一分包容、多一分理解。能够让自己有气量去结交不同的人。气量和容人，犹如器之容水，器量大则容水多，器量小则容水少，器漏则上注而下逝，无器者则有水而不容。气量大的人，容人之量、容物之量也大，能和各种不同性格、不同脾气的人们处得来。能兼容并包，听得进批评自己的话，也能忍辱负重，经得起误会和委屈。只有这样，才能让自己以轻松自如的心态来面对纷繁复杂的人间百态，才能摆脱不满、愤恨的情绪，才会有成功的可能。

不怕起点低，就怕境界低

在这个世界上，成功卓越者少、失败平庸者多。成功者活得充实、自在、潇洒，失败者过得空虚、艰难。产生这样根本区别的原因很简单，就是"态度"。比较一下成功者与失败者的态度，我们就会发现"态度"会导致人生何等惊人的不同。

威廉·奥斯拉是一个重点医科大学毕业的应届生，他对将来充满了困惑，他每时每刻都在苦恼，因为他觉得：像自己这样学医学专业的人，全国有成千上万，而且现在的竞争如此残酷，究竟自己的立足之地在哪里呢？

最后他没有如愿以偿地被当地著名的医院录用，他到了一家效益不怎么好的医院。可是真正成为一名医生后，他才明白，最重要的是他是一名医生，而不是在一家什么样的医院。因为医生在哪里都是救死扶伤。从那时起，他就下定决心一定要做出成绩，医院可以不出色，自己的工作也可以平凡，但他一定要全力以赴做到最好，创造出更多的价值。就是他对待自己工作的这种积极向上的态度，让他踏踏实实地在平凡的岗位上一干就是几十年。经过这样长期的积累，他的医术越来越高明，后来他成为业内十分著名的医生，还创立了世界驰名的约翰·霍普金斯医学院。在他被牛津大学聘为医学教授时说："其实我很平凡，但我总是脚踏实地在干。从一个小医生开始，我就把医学当成了我毕生的事业。哪怕我现在还是一名小医生，我也为我的职业感到自豪。"

威廉·奥斯拉成功的秘密在于他对人生、对工作的态度，只要对工作和生活抱着一种积极态度，人生总会有其高度！

不同的态度，导致了不同的人生。积极乐观的态度决定了高标准的人生，而且，态度不仅和工作相关，对人的一生来说，它具有更宽广的意义。用一位古代哲人的话来说就是："态度决定你的高度！"在这方面，美国电话电报公司总经理西奥多·韦尔的成功经历会对我们有更大启发。

几十年前，美国有一位年轻的铁路邮递员，和其他邮递员一样，他也用陈旧的方法干着分发信件的工作。大部分的信件都是凭这些邮递员用不太准确的记忆来分类发送的。因此，许多信件往往会因为记忆出现差错而无谓地耽误几天甚至几个星期。于是，这位年轻的邮递员开始寻找另外的新办法。

他发明了一种把寄往某一地点的信件统一汇集起来的制度。这位邮递员就是西奥多·韦尔。就是这一件看起来很简单的事，成了他一生中意义最为深远的事情。他的图表和计划吸引了上司们的广泛注意。没多久，他就获得了升迁的机会。五年以后，他成了铁路邮政总局的副局长，不久又被升为局长，从此踏上了美国电话电报公司总经理的路途。

从西奥多·韦尔的例子中，我们可以看出，再细微的工作只要用心去做，都会有回报，以认真负责的态度走好每一步，就能拥有一个不一样的人生。上帝以他特有的方式巧妙地维持着世界的公平。

工作中也如此，如果你对自己的工作采取一种敷衍的态度，那么工作给你带来的报酬也是敷衍的，如果你以一种积极认真的态度去对待它，它也会让你收获厚重，并且助你登上人生更高的山峰。

如今，诸多青年人宁可沉溺于无所事事的状况中，尽管他们也意识到自己这种做法对自己的发展没有好处，但是他们就是不肯去改变。诸多白领上班族不愿改变态度，让自己空有学历、能力的优势，放弃态度的金钥匙，在职场里浮沉，甚至沦为失业大军的一员。

他们为什么会这样？因为他们丢失了热情。

积极的态度是一种状态，同时拥有积极态度的人，工作时也会显得有干劲。把握好你的态度，因为自己最终能否成功，很大程度上取决于你的态度。

别让"我不能",限制了人生的可能

潜能无时无刻不在,你的心态将是决定潜能发挥与否的一大关键因素,只要你保持积极心态,就能激发自己的无限潜能。无数成功人士的奋斗历程已经验证:成功是由那些抱有积极心态的人所取得的,并由那些以积极的心态努力不懈的人所保持。拥有积极的心态,即使遭遇困难,也可以获得帮助,事事顺心。

生命本身是短暂的,但是为什么有的人过得丰富多彩,充满朝气和进取精神,有的人却生活得枯燥无味,没有一点风光和活力?生活也许是一支笛、一面锣,吹之有声,敲之有音,全看你是不是积极去吹去敲,去创造自己生活的节奏和旋律。

有人说:"我不会吹、不会敲怎么办,积极的人会告诉你,不吹白不吹,不敲白不敲,消极等待只能浪费生命。"是的,活在世上,何必等待,何必懒惰?等待等于自杀,懒惰也并不能延长生命的一分一秒。

英国作家夏洛蒂很小就认定自己会成为伟大的作家。中学毕业后,她开始向成为伟大作家的道路努力。当她向父亲透露这一想法时,父亲却说:写作这条路太难走了,你还是安心教书吧。

她给当时的桂冠诗人罗伯特·骚赛写信,两个多月后,她日日夜夜期待的回信来了，信中这样说：文学领域有很大的风险，你那习惯性的遐想，可能会让你思绪混乱，这个职业对你并不合适。

但是夏洛蒂对自己在文学方面的才华太自信了，不管有多少人在文坛上挣扎，她坚信自己在文学创作上一定能成功。她先后写出了长篇小说《教师》《简·爱》，终于成了公认的著名作家。

无论做什么事情，信心是一切的开端，若没有对成功强烈的愿望，就"看不到"解决困难的办法，成功也就不会向我们靠近。为了变不可能为可能，就要有夏洛蒂这种强烈的愿望和足够的自信，坚信目标就能够实现并为之不断努力奋勇向前，这是达到目标的唯一方式。成功学导师爱默生说："相信自己能，便会攻无不克……不能每天超越一个恐惧，便从未学会生命的第一课。"

人生在世，要与无数的"不可能"遭遇。若一味胆怯、退缩，你就永远无法战胜"不可能"。自卑的人心理上会产生一种消极的自我暗示，"我不行""不可能"是他们常用的口头禅。

永远不要让"不可能"束缚自己的手脚，有时只要再向前迈进一步，再坚持一下，也许"不可能"就会变成"可能"。而有些人之所以能成功，就是因为他们对"不可能"的事多了一股不肯低头的韧劲。你的人生能否取得成功，完全取决于你的心态。无论环境多么艰难，都保持充分的自信，那么你的生活必然能找到成功的入口。

很多人都认为自己是生活中某一领域的失败者。很多人步入社会后更是经常提及这样一些问题，也经常讨论这些问题，比如：

"我为什么要不断地调整态度呢？"

"我为什么没有取得我打算要取得的成功呢？"

"你认为我最大的长处是什么？"

"我从来就未曾真正有过一个奔向美好前程的机会。你知道，我的家庭环境很糟。"

"我是在农村长大的，从你的社会结构中绝对领会不到那种生活。"

"我只受过小学教育，我们家很穷。"

"我机遇不好。"

……

他们所给出的理由都是些关于自己失败的客观原因和悲剧性的故事。

实质上，这些人将自己限定在一个"不可能"的套子里，只不过这个套子是他们自己设定的。他们都在说明：世界所给他们的一切，使他们无法摆脱现有的困境。

其实，他们之所以得出这样的结论并不能完全怪他们，完全是因为没有人指出他们这样的病根所在，长期以来他们都处于一种不良的消极的态度之中。正是由于这种态度，使他们看起来是那样可怜。

如果以前你是一个拥有消极心态的人，那么从今天起，试着用另一种情绪看待人生，你会得到前所未有的喜悦，因为你发现换一种态度之后，你的潜能被大大地激发出来了，连你自己都吃惊于自己的进步。自然界其实就是这样，在困难面前，你弱它就强，超越心里的极限，摆脱消极情绪的束缚，你就会到达更高的顶点。

每一次你认为好不了的伤疤，最后都会结痂

希望是对美好未来的向往与追求，它在我们的生命中是不可或缺的。没有泪水的人，他的眼睛是干涸的；没有希望的人，他的世界是黑暗的。鲁迅先生曾说："希望是附着于存在的，有存在，便有希望，有希望，便是光明。"希望对一个人是很重要的，一个没有希望的人，就像断了线的风筝一样，没有任何方向和依靠；就像大海中迷失了方向的船，永远都靠不了岸。

有一本书叫作《我希望能看见》，它的作者彼纪儿·戴尔是一个几乎失明了50年之久的女人，她写道："我只有一只眼睛，而眼睛上还满是疤痕，只能透过眼睛左边的一个小洞去看。看书的时候必须把书本拿得很贴近脸，而且不得不把我那一只眼睛尽量往左边斜过去。"可是她拒绝接受别人的怜悯，不愿意别人认为她"异于常人"。

小时候，她想和其他的小孩子一起玩跳房子的游戏，可是她看不见地上所画的线，所以在其他的孩子都回家以后，她就趴在地上，把眼睛贴在线上瞄过来瞄过去。她把她的朋友所玩的那

块地方的每一处都牢记在心，不久就成为玩游戏高手了。她在家里看书，把印着大字的书靠近她的脸，近到眼睫毛都碰到书本上了。她得到两个学位：先在明尼苏达州立大学得到学士学位，再在哥伦比亚大学得到硕士学位。

她开始教书的时候，是在明尼苏达州双谷的一个小村庄里，然后渐渐升到南德可塔州奥格塔那学院的新闻学和文学教授。她在那里教了 13 年书，也在很多妇女俱乐部发表演说，还在电台主持谈书和作者的节目。她写道："在我的脑海深处，常常怀着一种怕完全失明的恐惧，为了克服这种恐惧，我对生活采取了一种很快活而近乎戏谑的态度。"

然而在她 52 岁的时候，一个奇迹发生了。她在著名的梅育诊所施行了一次手术，使她的视力提高了 40 倍。一个全新的、令人兴奋的、可爱的世界展现在她的眼前。她发现，即使是在厨房水槽前洗碟子，也让她觉得非常开心。她写道："我开始玩着洗碗盆里的肥皂泡沫，我把手伸进去，抓起一大把肥皂泡沫，我把它们迎着光举起来。在每一个肥皂泡沫里，我都能看到一道小小彩虹闪出来的明亮色彩。"

彼纪儿·戴尔没有因为身体上的缺陷一蹶不振，而是充满希望地生活着。有希望就会有奇迹，上天会眷顾内心满怀希望的人。当我们处于厄运的时候，当我们面对失败的时候，当我们面对重大灾难的时候，只要我们仍能在自己的生命之杯中盛满希望之水，那么，无论遭遇什么样坎坷不幸之事，我们都能永葆快乐心情，我们的生命因此便不会枯萎。

当我们审视和叩问自己的心灵，能否像彼纪儿·戴尔那样，在肥皂泡沫中看到彩虹？生活中的阴云和不测不知会使多少人活在自怨自艾的边缘，许多人早已习惯了用悲伤去迎接生命的各种遭遇，由于自身内心世界的阴晦，使得原本明朗的生活变得灰暗而毫无希望。我们既然没有彼纪儿·戴尔的不幸，也就没有绝望的理由！用心去感受你眼中的可爱世界吧，阳光下洗碗盆里的肥皂泡沫都是五彩缤纷的。

我们生活在一个竞争十分激烈的社会，有时在某方面一时落后，有时困难重重，有时失败连连，甚至有时才华被埋没。小小的百合教给了我们一个大大的人生道理：

在一座偏僻遥远的山谷里的断崖上，不知何时，长出了一株小小的百合。它刚诞生的时候，长得和野草一模一样，但是，它心里知道自己并不是一株野草。它的内心深处，有一个纯洁的念头："我是一株百合，不是一株野草。唯一能证明我是百合的方法，就是开出美丽的花朵。"它努力地吸收水分和阳光，深深地扎根，直直地挺着胸膛，对附近的杂草置之不理。

在野草和蜂蝶的鄙夷下，百合努力地释放内心的能量。百合说："我要开花，是因为知道自己有美丽的花；我要开花，是为了完成作为一株花的庄严使命；我要开花，是由于自己喜欢以花来证明自己的存在。不管你们怎样看我，我都要开花！"

终于，它开花了。它那灵性的白和秀挺的风姿，成为断崖上最美丽的风景。每年的春天，百合努力地开花、结籽，最后，这里被称为"百合谷地"。因为这里到处是洁白的百合。

无论什么时候，我们都不能放弃努力；无论什么时候，我们都应该像那株百合一样，为自己播下希望的种子。

内心充满希望，它可以为你增添一分勇气和力量，它可以支撑起你一身的傲骨。当莱特兄弟研究飞机的时候，许多人都讥笑他们是异想天开，当时甚至有句俗语说："上帝如果有意让人飞，早就使他们长出翅膀。"但是莱特兄弟毫不理会外界的说法，终于发明了飞机。

当伽利略以望远镜观察天体，发现地球绕太阳而行的时候，教皇曾将他下狱，命令他改变主张，但是伽利略依然继续研究，并著书阐明自己的学说，终于在后来获得了证实。所以说最伟大的成就，常属于那些在大家都认为不可能的情况下，却能满怀希望并坚持到底的人。

没人陪伴，就自己阳光

世间最可怕的不是生活的苦涩，而是悲观的心态。如果我们遇到生活的各种打击，就悲观绝望，那比打击本身更可怕。没有什么可以挡得住我们前进的脚步，擦亮我们的眼睛，就会看到生活的希望，一切都皆有可能。时刻保持阳光的心态，你的生命也会永葆绿色。

一个刚入寺院的小沙弥，忍受不了寺院的冷清生活，甚至有了轻生的念头。这一天，他独自一人走上了寺院后面的悬崖，就在他紧闭双眼，准备纵身跳下时，一只大手按住了他的肩膀。他转身一看，原来是寺院的老方丈。

小沙弥的眼泪马上流了出来，他如实告诉方丈，自己已看破红尘，只想一死了之。

老方丈摇摇头，对小沙弥说："不对，你拥有的东西还有很多很多，你先看看你的手背上有什么？"

小沙弥抬手看了看，讷讷地说："没什么呀。"

"那不是眼泪吗？"老方丈语气沉重地说。

小沙弥眨眨眼睛，又是热泪长流。

老方丈又说："再看看你的手心。"

小沙弥又摊开双手，对着自己的手心看了一阵，不无疑惑地说："没什么呀。"

老方丈呵呵一笑，对小沙弥说："你手上不是捧着一把阳光吗？"

小沙弥怔了一下，心有所悟，脸上也泛起丝丝笑容。

只要心中留下一片阳光，纵使周围是无边的黑暗和寒冷，你的世界也会明媚而温暖。掬一把阳光，整个太阳便笑在掌心里，魅力四射。生活中处处有令人感到幸福的地方，就像小沙弥一样，手背上是泪水，手心却是阳光，而我们总是苍老了自己的心灵，看到的都是手背上的泪水，却看不到手心里的阳光，所以人生充满了苦涩。不妨打开自己的手心，给自己捧起一把阳光吧！

作家焦桐说："生命不宜有太多的阴影、太多的压抑，最好能常常邀请阳光进来，偶尔也释放真性情。"

爱若是生命的原动力，觉悟就是生命的源头，而生命就是阳光。活着，就是要寻找属于自己的光亮。

二战后，很多国家发生了不同程度的经济危机，在美国一座曾经繁华的城市里，有一条人来人往的街道，有一个盲人乞丐每天都在街边坐着，他总是笑眯眯的，每当感觉到有人走近时，他就会友好地跟他们打招呼。大家非常好奇，为什么那位盲人乞丐每天都如此快乐，他难道不为乞讨不到更多的钱忧愁，不为自己的境况悲伤吗？于是有人猜测，那个乞丐不是凡人，所以无忧无虑；也有人说，他可能是个来自疯人院的疯子。终于有一天，一个年轻的小伙子抑制不住自己的好奇心，上前去询问盲人乞丐为什么每天都如此开心。盲人乞丐开心地笑了，他说："因为无论怎么样，我每天都能看到太阳从东方冉冉升起，我看到世界是光明的，所以就无比快乐。"小伙子很不解，又问道："您分明是个盲人，又怎么能看到太阳升起呢？"盲人乞丐捋捋长须，说："孩子，难道双目失明就无法看到这世上的阳光了吗？"

人生究竟快乐与否不在于外部环境如何，真正影响人的是自己的心，我们如果总是让自己的内心充满悲伤，那么，纵使有再多的阳光，我们也会视而不见。

不要盲目与人攀比，珍惜你所拥有的，生活不可能是一帆风顺，幸福只在每个人的心中，接受生活中的不幸。一个阳光的心态远远要比一个年轻的身体更有意义，心态阳光了，整个人都会焕发活力，也就更容易激发出生命的动力。生命透过不同形式的传达，有了不同的人生境界。生命里确实承受不起太多的阴影，在生命停泊的港湾，让我们一起邀请阳光走进来，寻找属于自己的阳光，做最阳光的自己。

实质上，成功源自你对生活的态度，只要你持有良好的态度，成功也不会太远了。

拥有积极的态度，无论现在的生活怎么样，只要你的态度良好，幸福就会来敲门。我们无法选择命运给我们的安排，从出生那一天开始，在或贫穷或富贵的环境中成长，没得选择；天生的或聪慧过人或愚钝难教化，没得选择；一生中更可能是富贵荣华、平步青云或平淡无奇或坎坷起落不平，没得选择。但我们可以选择对待和接受命运的态度。既然冥冥之中命运已安排了我们有这样或那样的人生际遇，又何必为那些难以扭转的东西或喜或悲呢！既然已注定一切难遂心愿，又何苦再做自我的折磨呢？让自己的心态变得阳光。

今天，跟你的玻璃心告个别吧

印度有一句谚语："播种行为，收获习惯；播种习惯，收获性格；播种心态，收获命运。"人的命运虽不可选择，却不是既成的。人无法选择自己的出身，也无力改变所处的环境，但人可以改变自己的思想和心态。起点可以影响结果，但不会最终决定结果，决定结果的是我们自己。当你遇到挫折时，可以让自己屈服，从此放弃努力，甘于过平庸的生活；也可以坚忍不拔地走下去，最终获得充实而卓越的人生。因此，只有把握自己的心态，才能真正把握自己的命运，把握自己的人生。

《时间简史——从大爆炸到黑洞》是一部在全世界具有影响力的科普著作，它的作者斯蒂芬·霍金患上了会使肌肉萎缩的卢伽雷氏症，全身只有右手的三个手指能动，后来又丧失了语言能力。正是这样一个身体上有缺陷的人，被科学界公认为继爱因斯坦之后最伟大的理论物理学家。每一位有幸见到他的人，都会对人类中居然有如此灵魂而从内心受到深深的影响。霍金在 21 岁时被确诊为患有不可治愈的运动神经病。医生断言他只能再活两年半，而他没有被致命的挑战吓倒，以他的执着和坚定粉碎了医生的预言。他先后被选入伦敦皇家学会，被任命为卢卡逊数学教授——这是牛顿曾获得的荣誉职位。

霍金是一位划时代的英雄。他的伟大在于性格的伟大，刚毅的性格使他藐视身体的痛苦，对梦想、成功和影响力的执着追求使他拥有巨大的勇气和意志力。敢于挑战、顽强拼搏的人，就能战无不胜，而世界属于一往无前的人。

霍金身体的缺陷是无法改变的命运，但事业的成功是由自己创造的。一个坚强、勇敢、自信、宽容、谦虚的人，比起一个怯懦、自卑、自私、自大的人，成功的机遇和可能要大得多。性格、意志、心态、情绪等非智力因素在一个人的成长中起决定作用，而智力和知识并不是最重要的。美国斯坦福大学某教授曾经对1000多名智商在140分以上的天才儿童进行过长达几十年的跟踪研究。在研究中，他把这些人中最有成就的150人和成就最低的150人进行了比较。他们在智力上相差甚微，而能否取得成就的原因主要在于性格特征的差别：自信或不自信，自卑或不自卑，坚毅或不能坚持，是否有较强的适应能力和实现目标的动机等。可见，成功与否是由自己决定的，由心态决定的。

事业上的成功离不开良好的心态，个人生活上的成功更离不开良好的心态。具备良好的心态才能有成功的人生。一个人对学习充满热情，就会发现学习中的乐趣。对集体利益充满热情，他的才华就会在集体中充分展示。对他人多一分关心与帮助，就会更多地得到别人的帮助与支持。以宽容和诚实之心对待别人，就会得到珍贵的友情、爱情、亲情、师生情。性格勇敢坚强，就不会为生活中的挫折所烦恼。性格乐观、心态良好则能更多地感受生活中阳光的温暖。幸福是一种对生活的体验。态度不同，性格不同，对幸福的体验就会不同。命运本身也许并无好坏，人以什么态度来对待它，才是命运好坏的根本原因。

良好心态的形成更离不开个人的主观努力。把自己的心胸放宽，以积极健康的态度面对生活，就可以逐渐形成一种习惯。如果你认为自己不够关心别人，那么当你看到别人遇到困难时，主动地伸出你的手，尽你所能去帮助他们，这样一来，你就能逐渐养成乐于助人的心态。无论在学习或生活中，遇到挫折和困难，你都要时刻提醒自己坚持下去。以宽容之心对待朋友和同学，以严格之心要求自己，不断地播下个性的种子，终能收获自己有影响力的命运。

第九章

你的格局有多大，
你的事业就有多大

微笑合作，共生共赢

英国前首相丘吉尔曾说过："世界上没有永远的敌人，也没有永远的朋友，只有永远的利益。"这句话如果引申到商业中，就是说利益是现代所有商业合作的根基。合作是为了从消费满溢的市场中分得一杯羹，从而达到双方都比较满意的效果。因此，双赢成为现代企业合作的最佳状态。

2004年12月8日上午9点，联想集团宣布以12.5亿美元收购IBM个人电脑事业部，收购的范围涵盖了IBM全球台式电脑和笔记本电脑的全部业务。这一为世人所瞩目的收购项目在经过13个月的并购谈判后终于画上了一个圆满的句号。

通过对IBM全球个人电脑业务的并购，联想的发展历程整整缩短了一代人，年收入从过去的30亿美元猛增到100亿美元，一跃成为世界第三大PC制造商。联想也因此成为我国率先进入世界500强行列的高科技制造业企业，并拥有IBM的"Think"品牌及相关专利、IBM深圳合资公司、位于日本和美国北卡罗来纳州的研发中心、遍及全球160个国家和地区的庞大分销系统和销售网络。

IBM在并购后的股价上涨了2%，并且在新联想中获得了

18.9% 的股权，成为仅次于联想控股的第二大股东。与此同时，IBM 当时的副总裁兼个人系统部总经理史蒂芬·沃德还登上了新联想 CEO 的宝座，联想的前任 CEO 杨元庆则当上了新联想董事长。并购后的 IBM 终于摆脱了沉重包袱，将经营方向转为利润更为丰富的 PC 游戏操纵杆的微处理器的制造。对于企业来说，联想收购 IBM 个人电脑事业部的行为是一种双赢，而长达 13 个月的并购谈判更是双方相互妥协的结果。从并购金额的最终确定到新联想总部的选址问题，无一不是双方相互妥协的结果，但最后均落在了双方的利益平衡点上。

　　每一个人，都应该努力拼搏，争取一些对自己有用的东西，但是，努力争取并不代表蛮横抢夺，也不代表咬住不放，而是一种灵活掌握、进退自如的境界，因此，我们要善于妥协。对于生活在缤纷社会中的我们来说，学会适时妥协不仅不会影响到我们的既得利益，很多时候还会让我们的人格魅力得到更好的彰显，从而使双方都得到更多的利益，这就是双赢。小到一个人、一个企业，大到一个民族、一个国家，都应该学会在适当的时候善于妥协，这样的人，才是有谋略的人；这样的企业，才是能够长久发展的企业；这样的民族，才是聪明的民族；这样的国家，才是伟大的国家！

　　学会妥协就是要告诉我们：发展经济搞企业，不一定什么事情都非要我吃掉你、你吃掉我，有时候适当给竞争对手留一条后路，适当做出一些让步也是一种战略，比如企业兼并、企业重组最终都是双赢的结局。商场上，今天是你的竞争对手，说不定今后会成为你的合作伙伴。不一定要把问题搞得那么僵，各自退一步，也许就能海阔天空，商场跟战场一样，不战而胜为上。在商场上不要把弦绷得太紧，人要留有余地，要站得高，看得远。在很多情况下，你说是"让利"，实际不是，而是共同取得更大的利益，是双赢。

单赢不是赢，只有双赢才是真正的赢。"互利互惠"才能双赢，这是与竞争对手寻求共同利益的最好办法。学会妥协，收获友谊，维护尊严，获得尊重。当同别人发生矛盾并相持不下时，你就应该学会妥协。这并不表示你失去了应有的尊严，相反，你在化解矛盾的同时在别人心中埋下了你宽容与大度的种子，别人不仅会欣然接受，还会对你产生敬佩与尊重之情。让别人过得好，自己也能过得快乐。学会妥协，世界会因你而美丽！

告别"独行侠"时代，你才可以"笑傲江湖"

工作中，有人自视甚高，以为做事"舍我其谁"。他们喜欢单干，如高傲的"独行侠"一般，以自我为中心，极少与同事沟通交流，更不会承认团队对自己的帮助。

有人也许会有疑问：有些天才就是特立独行的，他们也取得了巨大的成就，伟大的成就有时候就是需要别具一格啊！是的，在一些领域里，具有非凡天赋和付出超人努力的人会取得巨大的成就，比如凡·高和爱因斯坦。但是再有才华的人取得的成就也是以前人的成就为基础的，而且在企业里，这样的人是不可能取得长期成功的，苹果电脑的创始人之一史蒂夫·乔布斯正是其中的代表人物。

美国航天工业巨头休斯公司的副总裁艾登·科林斯曾经评价乔布斯说："我们就像小杂货店的店主，一年到头拼命干，才攒那么一点财富。而他几乎在一夜之间就赶上了。"乔布斯22岁开始创业，从赤手空拳打天下，到拥有2亿多美元的财富，他仅仅用了4年时间。不能不说乔布斯是有创业天赋的人。然而乔布斯因为独来独往，拒绝与人团结合作而吃尽了苦头。

他骄傲、粗暴，瞧不起手下的员工，像一个国王高高在上，他手下的员工都像躲避瘟疫一样躲避他。很多员工都不敢和他同乘一部电梯，因为他们害怕还没有出电梯之前就已经被乔布斯炒鱿鱼了。

就连他亲自聘请的高级主管——优秀的经理人、前百事可乐公司饮料部前总经理斯卡利都公然宣称："苹果公司如果有乔布斯在，我就无法执行任务。"

对于二人势同水火的形势，董事会必须在他们之间决定取舍。当然，他们选择的是善于团结的斯卡利，而乔布斯则被解除了全部的领导权，只保留董事长一职。对于苹果公司而言，乔布斯确实是一个大功臣，是一个才华横溢的人才，如果他能和手下员工们团结一心的话，相信苹果公司是战无不胜的。可是他选择了"独来独往"，不与人合作，这样他就成了公司发展的阻力，他越有才华，对公司的负面影响就越大。所以，即使是乔布斯这样出类拔萃的开创者，如果没有团队精神，公司也只好忍痛舍弃。

事实上，一个人的成功不是真正的成功，团队的成功才是最大的成功。对于每一个职场人士来说，谦虚、自信、诚信、善于沟通、团队精神等一些传统美德是非常重要的。团队精神在一个公司、在一个人事业的发展过程中都是不容忽视的。

松下公司总裁松下幸之助访问美国时，《芝加哥邮报》的一名记者问他："您觉得美国人和日本人哪一个更优秀呢？"这是一个相当尴尬的问题，说美国人优秀，无疑伤害了日本人的民族感情；说日本人优秀，肯定会惹恼美国人；说差不多，又显得搪塞，也显示不出一个著名企业家应有的风度。

这位聪明的企业家说："美国人很优秀，他们强壮、精力充沛、富于幻想，时刻都充满着激情和创造力。如果一个日本人和一个美国人比试的话，日本人是绝对不如美国人的。"美国记者十分高兴："谢谢您的评价。"正当他沾沾自喜的时候，松下幸之助继续说："但是日本人很坚强，他们富有韧性，就好像山上的松柏。日本人十分注重集体的力量，他们可以为团体、为国家牺牲一切。如果10个日本人和10个美国人比试的话，肯定可以势均力敌，如果 100 个日本人和 100 个美国人比试的话，我相信日本人会略胜一筹。"美国记者听了目瞪口呆。

"没有完美的个人，只有完美的团队"，这一观点已被越来越多的人所认可。每个人的精力、资源有限，只有在协作的情况下才能达到资源共享。

单打独斗的年代已经一去不复返，只有懂得合作的人才能借别人之力成就自己，并获得双赢。朋友，你想成为真正的笑傲职场的"英雄"吗？那就彻底告别"独行侠"的角色吧。

选择战衣，也能选择战友

建立良好的合作关系，还需要了解他人、包容他人。每个人都有自己的优缺点，在与人合作的过程中，你不可能只与他人的优点合作，当与他人的缺点发生冲撞时，你唯一能做的就是包容。

有一天，沙漠与海洋谈判。

"我太干，干得连一条小溪都没有，而你却有那么多水，变成汪洋一片。"沙漠建议，"不如我们做个交换吧。"

"好啊，"海洋欣然同意，"我欢迎沙漠来填补海洋，但是我已经有沙滩了，所以只要土，不要沙。"

"我也欢迎海洋来滋润沙漠，"沙漠说，"可是盐太咸了，所以只要水，不要盐。"

可想而知，沙漠与海洋最终还是谁也没能帮上谁。

我们想得到一种东西，必须容忍其他一些东西也跟过来。

有两个戏剧学院的学生，毕业后一起进入演艺圈，他们都很有才华，在学校的时候就显得与众不同，两人虽然彼此惺惺相惜，却也因好强而暗中较量。

虽然两人同时毕业于戏剧学院，但一位是导演系的，一位是表演系的，因此入行后，一位当导演，一位做演员。

经过一段时间的努力，两人在工作岗位上都表现得很出色。有一次，刚好有部电影可以让他俩合作，基于两人是要好的同学，而且心里对彼此的才能和需求都非常了解，所以他们爽快地答应一起合作。

导演对于演员一向要求比较严格，所以在拍戏的过程之中，虽然是自己的同学也毫不客气地加以指责。而已经是名演员的老同学也有自己的见解和个性，所以片场的火药味总是很浓。

有一天，导演因为几个镜头一直拍不好，不禁怒火中烧，对着自己的老同学大发脾气，一句重话马上脱口而出："我从来没见过这么烂的演员！"

名演员一听，愣了许久。他走到休息室，不肯出来继续拍戏。

"一个篱笆三个桩，一个好汉三个帮。"一个人在社会生活中，不可能永远孤军打天下，总会有与别人携手合作的时候。事实上，我们几乎每天都会碰到许多必须与别人合作才能完成的事情，学会与别人愉快而有效地合作，无疑将会给你的生活和学习带来高效率和愉悦的心情。因此，可以说合作关系是人际关系的另一面镜子。

与别人合作关系差的人，其人际关系往往也很差。因此，从合作关系之中，我们可以建立良好的人际关系；从人际关系之中，我们可以巩固彼此的合作关系，这是互动的。

学会与别人合作有很多的技巧，不是说你仅有一颗真诚的心就可以了。要与人合作必须了解别人，只有了解别人，才谈得上合作，只有对别人有了充分的了解，才能扬其长、避其短，使其有信心与你共事。

其实，了解别人也是一种能力，而不仅仅是一种态度。在很多情况下，我们都是感情用事，不够理智，不懂得换位思考，这为我们带来了许多麻烦，所以我们每个人都应该以一颗包容的心，忍受别人不合理的行为，学会去欣赏并接受不同的生活方式、文化等。

单丝不成线，独木不成林

当今时代要具备合作精神。通用电气公司前 CEO 杰克·韦尔奇曾说："在一个公司或一个办公室里，几乎没有一件工作是个人能独立完成的，大多数人只是在高度分工中担任部分工作。只有依靠部门中全体员工的互相合作、互补不足，工作才能顺利进行，才能成就一番事业。"一个人只能取得小成功，而一个优秀的团队的成功才是大成功。

合作不是简单的一加一等于二，如果人们能精诚协作，其产生的能量远远大于单个力量的总和。二战期间一次惊心动魄的"大逃亡"，可谓是协作的完美典范，此次活动时间之长、任务之艰巨、涉及范围之广，令人难以想象。

在德国柏林东南部有一座德国战俘营。为了逃脱纳粹的魔爪，被关在战俘营的250多名战俘准备越狱。在纳粹的严密控制之下，实施越狱计划几乎没有可能。但事实证明，这250多名战俘最大限度地精诚协作，从而成功逃脱。

在开始计划之前，他们明确地进行了分工。这是一件非常复杂的工程，首先要挖掘地道，而挖掘地道和隐藏地道则是极为困难的。战俘们一起设计地道，动工挖土，拆下床板木条支撑地道。处理新鲜泥土的方式更令人惊叹，他们用自制的风箱给地道通风吹干泥土。修建了在坑道运土的轨道，制作了手推车，在狭窄的坑道里铺上了照明电线。完成这些，他们所需的工具和材料之多令人难以置信，3000张床板、1250根木条、2100个篮子、71张长桌子、3180把刀、60把铁锹、700米绳子、2000米电线，还有许多其他的东西。为了寻找和搞到这些东西，他们费尽心思。除了这些工具，每个人还需要普通的衣服、纳粹通行证和身份证，以及地图、指南针和食品等一切可以用得上的东西。担任此项任务的战俘不断弄来任何可能有用的东西，其他人则有步骤、坚持不懈地贿赂甚至讹诈看守以得到东西。

250多名战俘每个人都有各自的分工，做裁缝、做铁匠、当扒手、伪造证件，他们月复一月地秘密工作，甚至组织了一些掩护队，以吸引德国哨兵的注意力。此外，他们还要负责"安全问题"，德国人雇用了许多秘密看守，混入战俘营，专门防止越狱。"安全"队监视每个秘密看守，一有看守接近，就悄悄地发信号给其他战俘、岗哨和工程队队员。这一切工作，由于众人的密切协作，在一年多的时间内竟然躲过了纳粹的严密监视，令人不可思议的是，他们成功地完成了这一切。

这250多名战俘是"能者尽其劳，智者尽其忧"，分工合作，将团队精神发挥到了极致，所迸发的力量巨大惊人。许多伟大而艰巨的任务，都是整个团体成员协作产生的成果。如此多的人在如此艰苦的条件下越狱，若是不能团结协作，是根本不可能的事。可见，认识到团队协作的力量是多么重要。

20世纪60年代中期，日本创造了经济腾飞的奇迹，一跃而成为世界经济大国，竞争力也跃居世界前列，为世界瞩目。但其实日本的本土条件并不是非常好，一来国土狭小，二来物质资源也不丰富，能在短短的二三十年间就跻身世界第二大经济强国，着实让人觉得不可思议。为探求日本经济迅速提升的秘密，以美国为首的西方国家对日本企业展开了深入的研究。结果发现，如果以日本最优秀的员工与欧美最优秀的员工进行一比一的对抗赛，日本的员工多半比不上欧美的员工；但如果以班组和部门为单位进行比赛，日本总是会占上风。原因在于，欧美的企业是由少数人来主导的，工作由上级以命令的形式发布。

在个人主义盛行、鼓励个人奋斗的欧美社会，组织内经常会发生内耗，无法形成真正的团队竞争力。而在日本的企业中，员工有着强烈的归属感，故而工作勤奋认真，全身心地都投入企业中，而企业则能充分发挥全体员工的智慧，注意调动每一位员工的能动性，培养协作精神，使员工结成坚强的团队，从而产生了巨大的竞争力。这一结果表明，团队能够使公司生产水平和利润增加，使公共部门的任务完成得更彻底、更有效率。这也就是团队盛行的原因所在。于是，他们得出一个结论：日本企业竞争力强大的根源，不在于其员工个人能力的卓越，而在于其员工"团队合力"的强大，其中起关键作用的就是那种无处不在的团队精神。

因为性格、学识、阅历等各方面的限制，都很难独立做成一件创造性的工作；没有团队精神的人在一起只会不利于甚至抑制各自优点的发挥。而良好的团队精神能将众人的长处集于一处，达到的效果自然比单打独斗和一群不会合作的人要好。

"单丝不成线，独木不成林"，一个人的能力是非常有限的，在这个竞争激烈的时代，仅凭一己之力是很难取得很大的成功的。我们通过与别人的合作，除了发挥各自的优势之外，还能因彼此思想的碰撞产生创造力的火花。

一个人靠一种精神力量生存和发展，因为他的理念决定他的生存状态。一项事业也是如此，如果无数人的个人精神融会成一种共同的团队精神，那么辉煌的事业就会从此开始。

在分享中享受"共赢"的成果

人也是群体的动物，离开了群体，人就不能健康成长。随着社会的发展和形态的多样化，群体的组织形式也越来越发达。除家庭、社区外，还有学校、工厂、公司、军队、政府部门等具有组织性的社会群体。对于20多岁的男人来说，适应社会和认识社会最好的方法就是走向某个社会群体，使自己社会化，承担社会责任，获得成长。要知道，个人的成长与进步，离不开社会集体的影响。

一家大型家族企业下面有很多办公室，总裁年事已高，打算好好锻炼一下自己的儿子，他让儿子以一个普通员工的身份到各个办公室体验一下工作的趣味。这个年轻人走了不少办公室，也学到了不少东西，他发现，绝大多数的办公室看起来都是忙忙碌碌、秩序井然的样子，大家似乎连笑的时间都没有。唯独市场部的一个办公室里总是洋溢着笑声，而且他们的业绩在全公司是最好的。他很奇怪，就决定在这间办公室多待一段时间。

经过一段时间的观察，他发现，秘密竟然出现在一个叫老王的员工身上。老王这个人学历不高，薪水也不是很高，但最大的特点就是特别爱和别人分享一些自己的事情。比如他爱人生了女儿，他一大早就冲到公司对大家喊："我当爸爸了！"每个月发了奖金，虽然他拿的比别人少，但是他总会买些零食回来："来来来，发奖金了，我请客。"每次擦自己的办公桌的时候，他也总是帮那些不在的同事一起收拾干净。别人有什么困难，只要是他能帮得上的，二话不说，马上过去帮忙。在老王的带动下，整个办公室的人都十分开朗，大家的集体活动比较多，下班后经常一起出去玩，而不是像其他部门那样各回各家。在这样的环境下，大家的工作效率自然就提高了很多。

几个月以后，董事长问儿子："在这几个月里，你都学到了什么？"

年轻人回答："我学到了很多东西，但是最重要的一点是，我学会了与人分享。"

分享，是一种成功的境界，是一种智慧的升华，是与人方便，自己方便的领悟。分享爱，分享劳动，分享喜悦乃至分享痛苦，这都是一个团队所需要的。有些人在工作当中往往喜欢斤斤计较，干什么事情总害怕自己会吃亏，更怕让别人得了便宜。这样的人就是没有领悟到分享的真谛，也不可能与整个团队拧成一股绳，最终吃亏的，只能是自己。

小张是一家大公司的出纳，由于公司规模很大，财会部门就设立了两个办公室。小张的办公室在6层的最里边，十分隐蔽，而且从窗外可以眺望不远处的公园的美丽风光。因此，公司的许多同事都喜欢聚在他的办公室聊天，哪怕只是临窗看看公园，也能驱赶些工作的劳累。因此，小张的办公室在休息时间总是有许多人，大家坐在一块儿互相交流工作心得、谈谈公司制度的缺陷，而公司的一些管理者也都愿意来到小张的办公室与大家一起交流。

刚开始时，小张觉得没有什么，然而，随着时间的推移，小张变得越来越无法忍受这种情况。

他私下抱怨："太多的人在我的办公室，我的工作都被影响了。""窗外的景色虽然很美丽，但我却从来没有仔细欣赏过。"于是，他就在办公室的门把手那儿挂了一个牌子，上面写着"工作中"。这样，小张就可以一个人安静地工作了，自己想做什么就做什么，窗外那一大片美丽的风景也独属于他自己了。

开始时，一些同事还是三五成群地在休息时间来串办公室，但是，小张总是说："我在工作，我要工作，没有时间休息。"随着时间的推移，同事不再来他的办公室，即使来了，也只是因为工作的关系。

一段时间后，小张成了公司内的孤家寡人，同事们都不愿和他交流，工作出现问题时，同事们也不再热心地帮助他。

后来，由于公司的经营出现了一些问题，不得不裁减人员，裁减人员名单上的第一个就是小张。

不懂得与众人分享的小张是自私狭隘的，最终只能落得淘汰的结局。而真正伟大的人，从来都是懂得与别人分享的，例如懂得分享的企业老总总是会说，所有的一切是属于公司员工的；获得巨大成就的科学家会说，成绩是属于整个研究集体的；每个奥运冠军站在领奖台上发表感言的时候，说得最多的一句话就是："我感谢我的教练，感谢我的家人，感谢我们的团队，感谢所有关心、支持我的人。"这就是一种荣誉的分享，这些简单的话让所有人感到如沐春风，试想一下，如果他在台上这样说："我之所以取得今天的成绩和别人无关，完全是我个人努力的结果。"大家一定会对这个人的品行感到厌恶，他的团队也不可能一如既往地支持他。

精诚合作、集思广益是人类最了不起的能耐，它不仅可以创造奇迹，开辟前所未有的新的天地，也能激发人类的潜能，即使面对人生再大的挑战都不畏惧。两根木头所能承受的力量大于个体承受力的总和。俗语所说的"一根筷子容易断，十根筷子断就难"也说明了合作的力量。对于个人来说，只有让自己的才华融入整个团队，学会与别人分享、合作，才能实现工作上的双赢，才能收到"1+1 ＞ 2"的效果。

所以，当你在工作中做出一些成就时，千万记得别独享荣耀，否则这份荣耀会为你带来人际关系上的危机。"居功"的确可以凝聚别人羡慕的目光，可以给自己带来很大的成就感。但如果你只想把功劳一个人占尽，企图让光环仅围绕自己一个人转，那就不是自私而是极度愚蠢了。因为这不仅不会给自己带来更多的好处，甚至还会引火烧身，激起公愤，最终害人害己。但凡成功之士，都不是故步自封独自发展，而是在分享的过程中得到共赢的结果的。

第十章

爱就疯狂，

不爱就坚强

愿有素心人，陪你数晨昏

　　爱情是维系社会人间的一股力量，既然人是由爱而生，就不能离开爱。爱有正当的，有不正当的。正当的爱就是绿灯，不正当的爱就是红灯。

　　爱情中的真浪漫给我们带来美好的感受，相反，扭曲的爱会带来痛苦和无奈。放弃一个爱你的人并不痛苦，放弃一个你爱的人才是痛苦，爱上一个不爱你的人更加痛苦。爱情必须是双向的才能开花结果，所以在爱情这条路上，必须要遵守红绿灯规则。

　　真正的浪漫是有原则的，畸形的爱情要不得。所谓红灯的爱，是不合乎伦理道德、不合乎身份、不合乎规律的，是社会所不认同的。例如，没有获得对方同意，一厢情愿地追求，甚至以非法手段强迫对方顺从，乃至骗婚、抢婚、重婚等法律所不允许的行为。这种红灯的爱，前途必定充满危险。

　　20 世纪 30 年代上演的一部名为《盲目的爱情》的电影，讲述同窗好友俞汝南和尤温，同时爱上了女伶王幽兰。幽兰属意汝南，于是多次婉拒尤温的邀请。一日，尤温眼见幽兰、汝南相处，妒火中烧，打瞎了汝南的眼睛。

　　幽兰誓为汝南报仇，却被尤温关禁于土窟。汝南整日沉溺于思念中，其表兄蔡君遂骗汝南，说幽兰已死。时光荏苒，二人已年老，幽兰终于逃出土窟，来见汝南。汝南摸得幽兰枯老的面孔头发，怒斥用一个老丑妇人来假扮幽兰。幽兰大受刺激，拔刀自刎。临终忍痛唱一首幽兰曾经唱过的歌。汝南幡然醒悟，然而幽兰已含泪九泉。

俞汝南、尤温、幽兰三人间的爱情悲剧深深地触动着人心，同时也告诉世人，盲目的爱情有多么可怕。真正的爱情，即便是在情感浓厚的时候，也不失去理智；只有在双方你情我愿的情况下结合，爱情才会长久。

爱情是一种浪漫的体验。这种体验使任何事物在恋爱者的眼中，都是一种美好。爱情中不能没有浪漫，没有浪漫，也就没有了爱情，爱情建立在双方相互的好感而出现的良好氛围之上；然而，爱情的浪漫毕竟只是一种主观的、很缥缈的东西，总是依赖于一种现存的事情上，没有现实做基础的爱情也是不牢固的，总有一天泡沫破了，梦也就醒了。

只顾眼前的纯浪漫主义者，他们的生活很可能会过得很寒酸和自欺欺人；而完全埋头于实际事务中而没有想象力的现实主义者，他们的生活又是多么枯燥乏味？生活需要的是二者的适度结合。

其实，真正的爱情，既不缺乏物质基础，更会让人感到精神满足。在爱情中，女孩往往比男孩更容易感情用事，更倾向于追求浪漫的情节而忽视现实因素。

浪漫女和现实男是一对恋人，他们二人如胶似漆地相爱着，真可以说是一日不见，如隔三秋。

一次，为了考察现实对自己的忠诚程度，浪漫问："你到底爱不爱我？"

"十二分地爱你！"现实回答。

"那假设我去世了，你会不会跟我一起走？"

"我想不会。"

"如果我这就去了，你会怎样？"

"我会好好活着！"

浪漫心灰意冷，深感现实靠不住，一气之下和现实拜拜，去远方寻觅真爱。

浪漫首先遇到了甜言，接着又碰见蜜语，相处一年半载后，均感不合心意。过烦了流浪的日子，浪漫通过比较，觉得现实还是多少出色一些，就又来到现实面前。

此时，现实已重病在床，奄奄一息。

浪漫痛心地问："你要是去世了，我该咋办呢？"

现实用最后一口气吐出一句话："你要好好活着！"

浪漫猛然醒悟。

看看上面的小故事，我们无法不为它的真实所震撼。其实，真正的浪漫，来自对生活的真实面对，来自对爱人的真心付出。男孩不肯用虚华的甜言蜜语来欺骗女孩的感情，这正是出于发自心底的真爱，也是对女孩和自己人生的负责。

人所共知，爱情之火活跃、激烈、灼热。但爱情也是一种朝三暮四、变化无常的感情，它狂热冲动，时高时低，忽冷忽热，把我们系于一发之上。

爱情的不定性让人们常常失去理智。所以人们应当了解哪些是红灯的爱，哪些是绿灯的爱。在爱情这条路上，看清红绿灯，才能审慎前进，才能让自己在爱情的道路上走得更加顺畅，获得幸福的生活。

真正的浪漫不是浅薄的、程式化的甜言蜜语，也不是死去活来的心灵激荡；它应该是一种切实的温馨与美好，是一种真正地、全心全意为对方着想的相互关爱。彼此携手，互相扶助，共担现实生活的风雨；以一颗浪漫美好的心，认真的生活——这才是爱情的真谛！

我爱你就像十除以三

生活的浪漫，不在于物质的富足，而在于精神上的不放弃；爱情的浪漫，不在于给予了多少奢华，而在于你有没有一颗执着的心灵，将你们的爱情进行到底，将你们的感情升华为最美丽的神话天堂。

二战中，一个日本男孩被迫从军，要与他心爱的未婚妻分离。

平时，他们每次约会总是约在某棵大树下见面。男孩因为工作关系，每回总是迟到。每次他迟到的第一句话都是腼腆地说："对不起，让你久等了。"但那女孩总是笑着对他说："还好，我也没有等很久。"

起初，那男孩以为是真的，后来有一次他准时到，却故意在一旁等了1个小时才过去，没想到，那女孩儿一样露出微笑说着同样的话。

他终于明白，不管他迟到多久，她总是为了不让他尴尬而体贴地骗他。他在被派去从军前，为了怕一去不知几年，或回来人事已非，便与她约好，回来彼此如果找不到对方，就记得到这棵大树下等。

弹指间，二十年过去了，他都没有回来，因为他流落在韩国，曾被炸药击中的他，因昏迷而失去记忆力，直到十来年过去了，他才在无意中恢复。然而，他已经在韩国娶妻，而他也相信他的未婚妻应该以为他已经死了。

又过了几年，他的韩国妻子病逝。于是，他带着一颗忐忑的心回到日本。

他一下飞机就直奔那棵旧时的大树。出租车越行越近，他的心也越来越茫然。映入眼帘的都是繁华喧嚷的商店街，哪里来的大树呢？

他站在原地发了一阵子呆。

准备离去时，他忽然看到不远处有个摊贩，于是想，买包烟抽抽也好。他走上前，向那位摊贩说他要一包烟。那蹲在地上的摊贩缓缓地抬起头，二人目光交会的一刹那，他看清楚那个摆摊的人竟是他昔日的未婚妻。

他顿时泪流满面，她一定是为了怕他回来找不到她，又不知他会什么时候回来，于是决定在这个地方摆摊等他。

他说不出一句话。

凝视了许久，他只好依旧轻轻对她说了句："对不起，让你久等了。"

她照样还是给他一个微笑："还好，我也没有等很久。"

追逐爱情的路上，没有笔直的通道。只有坚持不懈，才能到达幸福的彼岸。可是在生活中，又有多少人能够坚守住自己的心，在困难中不动摇呢？

在奥运会上，马拉松长跑一直都很吸引人们关注的目光。可是，我们却常常看到，在起跑的时候还是很多人，到了中途却越来越少，最后能够坚持到达终点的也所剩无几了。

做事情，只要你不坚持到最后，前面的努力和心血就可能都白费了。只有经得起风吹雨打及种种考验的人，才是最后的胜利者。因此，不到最后一刻，千万不要轻言放弃。

婷和明恋爱的时候，虽然因为俩人分在不同的学校不能经常见面，但常常通电话。每次打电话，俩人总要缠绵许久。末了，总是婷在明一句极为不舍的"再见"中先收了线，明再慢慢感受空气中剩下的温馨，还有那些难舍难分的言语。偶尔一两次，婷不愿意先挂，明就一直坚持下去。但后来，两人还是分手了。

　　婷属于那种高回头率的女孩，身边从来不缺追求者。她很快就有了新男友华，帅气，豪爽。女孩很得意，以为找到了一个比明更帅的男友。可她渐渐感到，她和华之间好像缺了点什么，是什么呢？她也不知道。只是和华通电话时，婷总感到自己的"再见"还只说了一半，华那边已经啪的一声挂了线，婷感到那刺耳的声音在空气中结成冰，纵使通话时有再多的温情都像是转了个僵硬的弯。终于有一天，婷和华吵架了，华很不耐烦地转身走了，很潇洒的背影。婷很难过，却仿佛还掺杂着一种解脱。也许是脆弱吧，婷想起了明——那个每次通话要听完她"再见"的傻男孩。

　　一股热气从婷的心里升起，她很冲动地拿起电话，拨了明的号码，久违的声音传来，好像很深沉，好像多了一点苍老。婷一阵难过，慌乱地说了声"再见"，可这次婷没有收线，一种莫名的情绪让她静静聆听电话那头的沉寂。不知过了多久，明的声音传了过来："为什么不挂电话？""为什么你总要我先挂呢？"婷抽噎着。"习惯了，"明平静地说，"习惯你先挂电话，这样我才放心。""可是，"婷说，"你觉不觉得后挂线的人总会有些遗憾和失落？"

　　"所以我宁愿把这份失落留给自己，只要你开心就好。"当明的声音再次传来，婷终于控制不住，"哇"的一声哭出来，她终于明白，没有耐心听完她最后一句话的人，不是她一生的守望者！

　　"爱情是什么？"这是一个为古今中外的人们所共同追寻的话题。爱情，也许是情人节芳香扑鼻的玫瑰，也许是月光下的牵手，也许是一个吻、一个拥抱，也许是"直教人生死相许"的轰轰烈烈。但所有的也许中，最接近谜底的，或许就是怜惜。爱情就是怜惜，因为怜惜对方，所以宁可牺牲自己，宁可自己遗憾，宁可自己失落，宁可孤单守候。就像那首诗所描写的："我爱你，不是因为你能为我做什么，而是因为我能为你做什么。"

原来爱情有时候就这么简单，一个守候，便能说明一切。

真正属于你的，永远都不会错过

少男少女踏进青春的门槛时，自然会对异性产生好奇与爱慕。最初的爱情是这样美好而单纯，然而就是因为它单纯，所以也脆弱。它往往是迫不及待、无比强烈地开始，经过短暂的激情很快就会搁浅。所以，如果你的爱在无望中结束时，请不要悲伤。

一个清秀的女孩失恋了。她来到当初与以前的男友约会的公园里，伤心地哭了起来，她哭得很悲戚。很多人看她伤心的样子，都耐心地劝导她，可是，别人越是劝她，她越是觉得自己很委屈，她不明白为什么男孩不再爱她了。渐渐地，她逐渐由伤心变成了不甘心，又由不甘心变成了怨恨，她不甘心自己的爱为什么不能换来同样的回报，她怨恨他太狠心，太无情。

她越哭越悲伤，难以遏止，陷于强烈的失落、自卑和悔恨中不能自拔。

一个长者知道她为什么而哭之后，并没有安慰，而是笑道："你不过是损失了一个不爱你的人，而他损失的是一个爱他的人。他的损失比你大，你恨他做什么？不甘心的人应该是他呀。再说，他已经不爱你了，你还要伤心、怨恨，来让这份失败的感情阻碍你今后的生活吗？"姑娘听了这话，忽然一愣，转而恍然大悟。她慢慢擦干泪，决心重新振作，放下伤心的过去，投入新的生活。

不是所有爱情都可以"在天愿作比翼鸟，在地愿为连理枝。天长地久有时尽，此恨绵绵无绝期"。所以，即便是唐明皇，最终也舍弃了他的爱妃杨玉环，任由上天结束那段千古传唱的悲剧。

人生在世，爱情全仗缘分，缘来缘去，不一定需要追究谁对谁错。爱与不爱又有谁可以说得清？当爱着的时候，只管尽情地去爱；失去爱的时候，就潇洒地挥一挥手吧。人生短短几十年而已，自己的命运把握在自己手中，选择遗忘，恰是对这段感情最好的纪念，没必要在乎得与失、拥有与放弃、热恋与分离。

有这样一对性格不合的夫妇，丈夫8次提出离婚要求，而妻子就是死活不离。在法院判决中，女方总是胜诉，就这样一直拖了29年。

29年的岁月过去了，这位妇女的青春年华在拖延中消失了，乌黑的头发已成白发，红润的脸颊变黄了，刻上了一道道岁月的伤痕，身体也被折磨得满身病痛。

　　由于妻子的坚持，婚姻仍然存在，然而爱情早已荡然无存。她失去了幸福的家庭，失去了自己的青春，失去了健康的身体，也失去了再婚的机会，孩子也没有因此追回父爱。结果，法院还是判离了。离婚后不到两年，这位不幸的妇女就因病情加重而离开了人世。

　　这位妇女的一生是悲惨和不幸的，然而她的不幸多是因为自己不肯学会放手，即便对方已经对她没有一点留恋，她还认为自己对他是有爱的，所以不会离婚。而这样，痛苦的却是两个人。

　　当爱情离我们远去的时候，我们要尽力挽留；当我们无法挽留的时候，最好的处理方式，就是遗忘，忘掉以前的愉快和不愉快。因为任何好的或不好的回忆，对于失恋者都是一种灵魂的刺痛。

　　当我们学会了遗忘，才会真正的解脱，才会学会宽容。有人说，经历了真正的爱之后，人才会成熟。不论结果如何，只要我们真心付出过，坦诚地对待过，也就不会有什么后悔的地方。成熟的心志，才会产生成熟的感情。青涩年华产生的爱情，单纯而无比美妙，会让人刻骨铭心。但是，它通常很难经得起岁月的考验，很难历练成恒久、深沉的真爱。就让那些过去成为美好的回忆吧。

　　我们仍然年轻，我们还有很多时间和机会去寻找爱，重新去爱。我们有理由相信，总有一份爱在未来的日子里期待着我们。因此，当爱搁浅时，试着遗忘吧，也放松你的心灵。

在爱情上不要犯傻，要时刻警醒自己，爱也是可以选择的。在放手的同时，也是给予了自己一次新的选择的机会。放爱一条生路，也是给自己一条生路。

放开该放的，才能抓住该抓住的。学会遗忘那些抛弃你的人，他们不适合你。当你从痛苦中抬起头的时候，你会发现，幸福就在拐角处。

适应婚姻与爱情的温差

王子和公主走进结婚礼堂，故事戛然而止。"从此，他们幸福地生活在一起"。一句话而已，想来却又是那样不易。实际上，婚姻生活远比爱情来得更长久、更细致、更现实。婚姻能够彻底改变一个女人，从外表到内心。

爱情和婚姻的温度是不同的，爱情是滚烫的，而婚姻却是温凉的，许多人正是由于无法适应婚姻与爱情的温差，而让双方的感情越走越远。

一对曾经让人羡慕不已的恋人，在结婚一年后吵吵闹闹地走上了法庭，要求离婚。朋友、家人都十分惊讶，力图去劝说他们："相恋5年，多少次花前月下，为什么反目成仇呢？"妻子委屈地说："他曾说爱我一辈子，可是现在他宁肯欣赏那些街上的漂亮女孩，回到家也懒得看我一眼，还挑三拣四。"丈夫生气地说："你不也一样，在街上、班上都能和颜悦色、温柔体贴地对待每个人，回到家里，总是冷着个脸，絮絮叨叨，总是强词夺理，越来越像个泼妇！"

调解员说："你们都希望对方永远爱自己，可是却受不了生活中的平凡琐事，自己反省一下，是否是这样的情形？你们有很深的感情基础，生活应该多制造一些爱的氛围，平凡的生活也有其独特的魅力，试着去寻找吧！"

婚姻永远是由无数个琐碎的细节叠加而成的，所以说琐碎的生活成就了爱情的永远。在琐碎中，发现乐趣，在琐碎中互相谅解，这是成功夫妻的宝典。

长久的婚姻源自人格独立。婚姻是一对一的自由，一对一的民主。不要偏执地认为"你是我的"，那样就会使自己的爱巢变成囚禁对方的监狱，里面的人十有八九想越狱，只是看她有没有胆量而已。不要改变自己，更不要试图去改变对方，而应该各自把自己调整到一个适度的空间，既要相守，也要让彼此独处。在婚姻的土壤中，让两棵个性之树自由成长，自然可以收获幸福的果实。

一位社会学博士生，在写毕业论文时糊涂了，因为他在归纳两份相同性质的材料时，发现结论相互矛盾，一份是杂志社提供的 4800 份调查表，问的是：什么在维持婚姻中起着决定作用（爱情、孩子、性、收入、其他）？ 90％的人答的是爱情。可是从法院民事庭提供的资料看，根本不是那么回事，在 4800 对协议离婚案中，真正因感情彻底破裂而离婚的不到 10%，他发现他们大多是被小事分开的。看来真正维持婚姻的不是爱情。

例如 1 号案例：这对离婚者是一对老人，男的是教师，女的是医生。他们离婚的直接原因是：男的嗜烟，女的不习惯，女的是素食主义者，男的受不了。

再比如 2 号案例：这对离婚者大学时曾是同学，上学时有 3 年的恋爱历程，后来分在同一个城市，他俩结婚 5 年后离异。直接原因是：男的老家是农村的，父母身体不好，姐妹又多，大事小事都要靠他，身边的同学朋友都进入小康行列，他们一家还过着紧日子。女的心里不顺，经常吵架，结果就分手了。

再比如第 4800 号案例：这一对结婚才半年，男的是警察，睡觉时喜欢开窗，女的不喜欢；女的是护士，喜欢每天洗一次澡，男的做不到。两人为这些生活琐事经常闹矛盾，结果协议离婚。

本来这位博士以为他选择了一个轻松的题目，拿到这些实实在在的资料后，他才发现"爱情与婚姻的辩证关系"是多么难做的一个课题。他去请教他的指导老师，指导老师说，这方面的问题你最好去请教那些金婚老人，他们才是专家。于是，他走进大学附近的公园，去结识来此晨练的老人。可是他们的经验之谈令他非常失望，除了宽容、忍让、赏识之类的老调外，在他们身上他也没找出爱情与婚姻的辩证关系。不过在比较中他有一个小小的发现，那就是：有些人在婚姻上的失败，并不是找错了对象，而是从一开始就没弄明白，在选择爱情的同时，也就选择了一种生活方式。

就是这种生活方式的小事，决定着婚姻的和谐。有些人没有看到这一点，最后使本来还爱着的两个人走向了分手的道路。走进婚姻，不意味着放弃爱情，虽然爱情是热烈的、滚烫的，而婚姻是真实的、温凉的。其实，只要二者真正融合，你就会发现这才是人生最舒服的温度。

好的感情，是你的未来我奉陪到底

电视剧《金婚》讲述了一对夫妻在漫长的 50 年婚姻生活中的琐碎，有初婚的甜蜜，有相互的指责、争执，有中年的疲倦，有遭遇外来诱惑的犹豫，有到最后老年的相濡以沫，真实而生动地展现了婚姻的真谛。爱是永恒，但爱不仅仅是玫瑰的娇艳，也有咖啡的苦涩，这才是真正的婚姻，这才是真正的生活。

而在童话故事中，无论是灰姑娘，还是白雪公主，她们都最终和心爱的王子"有情人终成眷属"。故事到此戛然而止，人们从来不去猜想接下来他们的婚姻生活如何，是不是也有争吵？是否也有抱怨？是否也会因"七年之痒"而劳燕分飞？他们真的就能相敬如宾、白头偕老？人们不愿去想，只愿意去品味爱情的浪漫、甜蜜，而不愿去想象婚姻的琐碎。

正所谓："相爱容易，相处太难。"如果说相爱是一个甜蜜醉人的梦，那么相处就是一个不识相的闹钟。不可否认，爱情常常是在一个充满想象的空间里，因为思念、回忆、憧憬和距离而愈加美丽动人。而当距离消失，想象便失去了飞翔的翅膀。爱情如仙女落入凡尘，柴米油盐喜怒哀乐生老病死交织而成的平淡生活渐渐洗去了她的铅华，生活的现实几乎掩盖了浪漫的光环。往日炽热专注的目光变得漫不经心，不厌其烦的绵绵情话变成了言简意赅的三言两语，平日看不够的举手投足渐渐觉得有些碍眼……是不爱了吗？那曾经有过的一切分明历历在目；还爱吗？感觉似乎又不同于从前……

爱情是两人相互爱慕、相互倾心的丰富的思想感情，她是精神的，所以也是浪漫的，可以不考虑明天的早餐，可以不考虑烦人的家务，可以不考虑柴米油盐酱醋茶，只管尽情地谈情说爱聊些风花雪月的事；而婚姻是两人因结婚而产生的夫妻关系，一提结婚自然要买房子买家具，也必然要穿衣吃饭生孩子，衣食住行一样也不能少，而这些都是物质的，深深地扎根在现实的土壤里，因此它是现实的。

在《读者》杂志上有一则小故事：一对性格完全不同几乎是水火不相容的人，却成就了五十多年的好姻缘。有人问老妇人，这么长的岁月，怎么走过来的？她答一个"忍"字；又问男主人，他答一个"让"字。听似不可思议，实则金玉良言。如果两个人是相爱的，你不能容忍他，你也就不能忍耐除他之外任何一个你重新选择的人，你也就永远无法拥有一份长久而真实的感情，除非你真的不爱。

长久的婚姻源自相互尊重。只有懂得尊重对方，才能得到对方的尊重，不仅要尊重对方，更要紧的是爱屋及乌，尊重对方的父母兄弟姐妹以及对方的亲朋好友。如果你瞧不起对方的家人，更有甚者将对方的家人推到了自己的对立面，这种做法非常愚蠢，这样做会使自己陷入孤立无援的境地，对你婚姻的稳固将是致命之伤。

长久的婚姻源自相互疼爱。无论是男人还是女人，都兼有疼人和被人疼两种需要。最好不要以为你遇到了一个只想疼人不想被人疼的纯粹母亲型的女人，夫妻就应该像一双筷子，生活中的酸、甜、苦、辣、咸一起品尝。她下班了，你给她端上一杯凉白开；你躺在沙发上睡着了，她能轻轻为你盖上一床被子……也许都是小事一桩，微不足道，但是只有这种小爱才能在漫长的岁月中，一点一滴地渗透到心窝里，融化在血液中，才能天长与地久。

长久的婚姻源自相互理解。当你遇到挫折时，她不说一句有损你尊严的话；当你意气用事时，她娓娓解说事理给你所；当你心情不好时，她绝不和你一般见识；你若开颜她先笑，你若烦恼她先忧，她的欢喜会告诉你，但她的忧愁却不会轻易地向你表露；即使你们远隔千山万水，她也深信你。相互了解需要的是体贴，需要的是爱心。

爱情真正的天敌，是时间，是岁月。爱情要战胜时间和岁月，凭的是温情而不是激情，要的是宽容而不是占有，靠的是宽容而不是要求，有的是真诚而不是虚情。

我不贪心，一生只够爱一人

影视剧中对婚外情的描述大多是男人在外面偷腥，女人依然辛辛苦苦地在家里料理好一切等待丈夫归来。用时下对男人婚外情描述的那句话就是："外面彩旗飘飘，家里红旗不倒。"仿佛人们都忽略了一件事——女人也爱婚外情。

人性追求刺激、完美和新鲜的那面，并非只有男性独有。女人是感性的，她们往往没有男人那么实际，而是喜欢追求一些虚的东西，比如精神或灵魂层面的。女人内心深处总会隐晦地渴望一些她自己也不能说明白的东西。越是有才情的女人，越是追求这种自我感受的实现。

女人又多是爱浪漫的，梦想现实生活中能上演一出王子拯救公主的情节。她自己自然是那个公主，家庭、责任和种种压力更多地充当了牢笼的角色，如果这时候能有一个人在精神上了解她，而恰巧这个人又不是很丑，那么女人很可能会不顾一切地爱上这个人。

　　而女性在对待婚外感情的态度上和男人也大大不同。许多男人的婚外情与其说是婚外情不如说是婚外性，开始和维系这段婚外情的主要原因多半是因为性的吸引，就算是男人真正被婚外女子的才情与人格吸引，受种种原因的牵制，男人也多半不会选择离婚。而女人则不然，开始和维系婚外情的原因多半是因为被那个男人的才情与人格吸引，进而发展到有性的那个阶段，她们追求婚外幸福时往往比男子更勇敢、执着，会顶住种种社会压力毅然地追逐她认定的幸福。

　　诚然，有些女人因为这段婚外情得到了想要的幸福，而大多数女人则是落到了人财两空、进退两难的地步。对待婚外情，女人到底怎样选择才是明智的呢？不妨听听《婚姻保卫战》中许晓宁对郭阳说的那段话，也许会对你有所启发。

　　"人啊，难免遇到诱惑的时候呢，眼花缭乱、意乱情迷，都有那么一段或长或短的迷惑期。这个时候一定要冷静下来，理智判断、选择，把这拨开迷雾的周期压缩到最短。那到底是什么样的生活，是我最想要的幸福？我们共同经营这么多年的相濡以沫，是谁也替代不了的。我反复问过自己很多次，如果我现在跟另外一个女人用同样的时间，也形成了这种默契，又能怎么样呢？我不是已经拥有这种幸福了吗？何必舍弃苦心经营这么多年的这个，去寻求那个未知数呢？有的时候得承认，我们很贪婪，有了爱情还不够，还要激情，我们不安于那种心静如水的生活，老想折腾出点浪花来，证明自己还沸腾。但是任何激情四射最后都是归于波澜不兴。婚姻的实质就是平平淡淡。所有的激情早晚有一天会退下去，但不是所有的激情都有造化变成爱情，要再转化成那种相濡以沫的亲情，更是少之又少，剩下来的这个才是真正的爱。有一得，必有一失，如果你觉得幸福在握，就把它攥紧，别弄丢了。"

很多女人缺少生活的历练，却对婚姻生活要求太高，任何事情都想要一个结果，尤其在意老公在外面交了些什么朋友。生活中的是是非非很多，我们无法对每件事都做一个清楚的交代。这些看似聪明的女人其实都很愚蠢。她们总被生活牵着走，为了一点小事，就会歇斯底里，这种女人会老得很快。如果能够"糊涂"一些，女人就会远离很多烦恼，活得更加快乐，很难被婚姻的琐碎吹皱脸上的纹理。

婚姻原本就是简单的，是我们自己太过计较了，才变得越来越复杂。太过计较的人总是追着幸福跑，用尽全力也抓不住飘忽不定、转瞬即逝的幸福。人未动心已远，何止一个"累"字了得。不要太过计较，糊涂一番又何妨？只有想得开，放得下，朝前看，才有可能从琐事的纠缠中超脱出来。假如对婚姻中发生的每件事都寻根究底，去问一个为什么，那实在既无好处，又无必要，而且破坏了生活的诗意。

女人们，面对种种诱惑和时不时的压力和疲倦，好好识别你想要的幸福，不要让原本的幸福溜走，也别把真正的幸福错过。

要铭记：幸福，有时需要你的坚守；幸福，有时也需要你的追逐。

对最喜欢的人，说最好听的话

婚姻生活中不尽如人意的事有很多，但与其抱怨批评，不如欣赏赞美，那样才会收获美满的生活。有人说，男女之间相知相爱是最重要的。其实，漫漫人生路上我们能遇到很多能打动我们的人，远远不止一个，我们不能和每一个动心的人相爱。在婚姻中的双方，由于长久地生活在一起，就会看到对方很多的缺点与不足。当爱的激情退却，仍旧保持婚姻的美好，重要的不是爱，而是欣赏优秀的人身上会散发着诱人的光彩，他的独特的魅力；他不仅吸引着你，同时也吸引着和你同样有着鉴赏能力的人。

约克郡一个贫穷的乡村里有一对老年夫妻，家里一贫如洗，于是他们想用家里唯一值钱的一匹马换回一些更有用的东西。商量妥当以后，老头子就牵着马赶集去了。老头子在路上先跟人换了一头母牛，又用母牛换回了一只羊，再用羊换了一只鹅，又用鹅换了一只鸡，最后竟用鸡换回了一大袋烂苹果。

他扛着大袋子在酒吧里休息，这时候遇见了两个英国人，他们在听了老头子赶集的经过后，都禁不住哈哈大笑起来，说他回到家，一定会被老太婆狠狠地揍一顿。老头子却坚定地说："肯定不会，我将得到的不是一顿痛打，而是一个吻。"两个英国人说什么也不相信，他们嘲笑老头子的异想天开，最后还用一斗金币和他打赌，然后三个人一起回到老头子的家里。老太婆见老头子回来了，高兴得把客人都忘了。老头子于是老老实实地把赶集的经过告诉了她。老太婆听得很专注，脸上没有一丝不愉快，始终是激动喜悦的表情。老头子每交换一次东西，她都加以肯定："感谢老天爷，我们有牛奶可以喝了。""哦，我们不仅有羊奶、羊毛袜子，还可以有羊毛睡衣。""今年的马丁节终于可以吃到烤鹅肉了。""太好了，我们将有一大群鸡了。""吝啬的牧师妻子说她连烂苹果都没有，但现在我却可以借给她十个烂苹果。"说完，她响亮地亲吻了老头子一下。

两个英国人看到此景心服口服，很爽快地付了一斗金币，他们说，他们很久都没有看到这么相互欣赏恩爱的夫妻了。

如果农夫的妻子用"你看人家老公多聪明，你却……""你看人家的老公……"这样的心理去比较的话，一场不愉快或大战就可能爆发，可是她没有这样，而是一直用欣赏的眼光去看待丈夫做的每一次交换。是的，也许在物质上确实损失了很多，但是对于真心相爱的夫妻来说，保护爱，不让爱受到损失比什么都重要。用心去爱，用心去欣赏，你就会发现丈夫或妻子还是自己的好。

任何时候，我们都试着用欣赏的眼光看待人和事，你便会更坦然地面对一切了。人总是追逐新鲜的东西，和一个人相处久了，不免有两看相厌的感觉。但是世间没有一种情感是永恒不变的，所以，不要奢望你能拥有很多，用一种平常心去欣赏你的另一半，就像欣赏一幅画一样，你会很快乐，也会很坦然。那么面对诱惑，也就会变得很淡然了。

宋代大文豪苏东坡的妹妹苏小妹，生得清雅秀丽、全无俗韵、聪明绝世，并嫁给当时同样是宋代大文人的秦观为妻。新婚之夜，秦观正要喜入洞房，却被小妹挡在门外。小妹隔门连出了几道难题，要秦观应答，何时答对了，才准进入洞房。秦观虽才思敏捷，也直到三更过后，才把小妹的难题全部答出，获准进入洞房。婚后秦观小两口诗来词去、夫唱妇随、相互欣赏、情深意长。最后小妹先秦观而卒，秦观思念不已，终身不再复娶。

这段佳话，被后人写成醒世之言，就是有名的"苏小妹三难新郎"。可见，古人早已深谙夫妻恩爱之道。为夫为妻，或贫或富，都要相互欣赏。只有欣赏得深才会恩爱得深，而恩爱越深，相互欣赏的东西也就会越来越多。

"孩子都是自己的好，妻子都是别人的好"，婚姻中的男女都有一种奇怪的心理，即总是用自己孩子的长处去与别人孩子的短处比，而用自己妻子或丈夫的短处去与别人妻子或丈夫的长处比，并往往陷入痛苦不满之中而不能自拔。其实这真是自寻烦恼，每个人都有优点和缺点，如果你不把注意力专注在自己另一半的缺点上，而去欣赏她（他）的优点，你就会发现，生活会更美好。

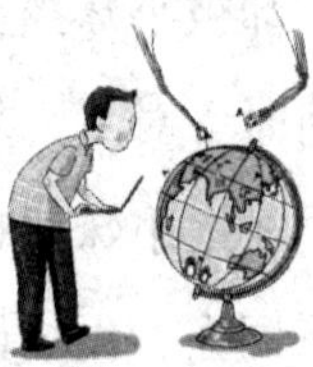